Linux开发书系

Linux 虚拟化

原理、方法和实战（KVM+Docker+OpenStack）

吴光科 李建尧 柯宇霖 编著

清华大学出版社
北京

内容简介

本书从实用的角度出发，详细介绍了 Linux 虚拟化相关的理论与应用知识，包括企业级 KVM 虚拟化实战、企业级 Docker 虚拟化实战、Docker 企业命令实战、Docker 网络原理实战、Dockerfile 企业镜像实战、Docker 仓库案例实战、Docker Compose 容器编排实战、Docker Swarm 集群案例实战、OpenStack+KVM 构建企业级私有云。

本书免费提供与书中内容相关的视频课程讲解，以指导读者深入地进行学习，详见前言中的说明。

本书既可作为高等学校计算机相关专业的教材，也可作为系统管理员、网络管理员、Linux 运维工程师及网站开发、测试、设计等人员的参考用书。

图书在版编目（CIP）数据

Linux虚拟化：原理、方法和实战：KVM+Docker+OpenStack / 吴光科，李建尧，柯宇霖编著．—北京：清华大学出版社，2023.5
（Linux开发书系）
ISBN 978-7-302-63341-9

Ⅰ．①L…　Ⅱ．①吴…　②李…　③柯…　Ⅲ．①Linux操作系统－虚拟处理机　Ⅳ．①TP338

中国国家版本馆CIP数据核字（2023）第063052号

责任编辑：刘　星
封面设计：李召霞
责任校对：李建庄
责任印制：丛怀宇

出版发行：清华大学出版社
网　　址：http://www.tup.com.cn, http://www.wqbook.com
地　　址：北京清华大学学研大厦A座　　邮　　编：100084
社 总 机：010-83470000　　邮　　购：010-62786544
投稿与读者服务：010-62776969，c-service@tup.tsinghua.edu.cn
质 量 反 馈：010-62772015，zhiliang@tup.tsinghua.edu.cn
课 件 下 载：http://www.tup.com.cn，010-83470236
印 装 者：北京同文印刷有限责任公司
经　　销：全国新华书店
开　　本：186mm×240mm　　**印　　张：**13.25　　**字　　数：**254千字
版　　次：2023年7月第1版　　**印　　次：**2023年7月第1次印刷
印　　数：1～2000
定　　价：69.00元

产品编号：101567-01

前言

PREFACE

Linux 是当今三大操作系统（Windows、macOS、Linux）之一，其创始人是林纳斯·托瓦兹[①]。林纳斯·托瓦兹 21 岁时用 4 个月的时间首次创建了 Linux 内核，于 1991 年 10 月 5 日正式对外发布。Linux 系统继承了 UNIX 系统以网络为核心的思想，是一个性能稳定的多用户网络操作系统。

20 世纪 90 年代至今，互联网飞速发展，IT 引领时代潮流，而 Linux 系统是一切 IT 的基石，其应用场景涉及方方面面，小到个人计算机、智能手环、智能手表、智能手机等设备，大到服务器、云计算、大数据、人工智能、数字货币、区块链等领域。

为什么写《Linux 虚拟化——原理、方法和实战（KVM+Docker+OpenStack）》这本书？这要从我的经历说起。我出生在贵州省一个贫困的小山村，从小经历了砍柴、放牛、挑水、做饭，日出而作、日落而归的朴素生活，看到父母一辈子都生活在小山村里，没有见过大城市，所以从小立志要走出大山，要让父母过上幸福的生活。正是这样的信念让我不断地努力。大学毕业至今，我在"北漂"的 IT 运维路上已走过了十多年：从初创小公司到国有企业、机关单位，再到图吧、研修网、京东商城等 IT 企业，分别担任过 Linux 运维工程师、Linux 运维架构师、运维经理，直到现在创办的京峰教育培训机构。

一路走来，很感谢生命中遇到的每一个人，是大家的帮助，让我不断地进步和成长，也让我明白了一个人活着不应该只为自己和自己的家人，还要考虑到整个社会，哪怕只能为社会贡献一点点价值，人生就是精彩的。

为了帮助更多的人通过技术改变自己的命运，我决定和团队同事一起编写这本书。虽然市面上关于 Linux 的书籍有很多，但是很难找到一本关于企业级 KVM 虚拟化实战、企业级 Docker 虚拟化实战、Docker 企业命令实战、Docker 网络原理实战篇、Dockerfile 企业镜像实战、Docker 仓库案例实战、Docker Compose 容器编排实战、Docker Swarm 集群案例实战、OpenStack+KVM 构建企业级私有云等内容的详细、全面的主流技术书籍，这就是编写本书的初衷。

---

① 创始人全称是 Linus Benedict Torvalds（林纳斯·本纳第克特·托瓦兹）。

配套资源

● 程序代码、面试题目、学习路径、工具手册、简历模板等资料，请扫描下方二维码下载或者到清华大学出版社官方网站本书页面下载。

配套资源

● 作者精心录制了与 Linux 开发相关的视频课程（3000 分钟，144 集），便于读者自学。扫描封底“文泉课堂”刮刮卡中的二维码进行绑定后即可观看（注：视频内容仅供学习参考，与书中内容并非一一对应）。

虽然已花费大量的时间和精力核对书中的代码和内容，但难免存在纰漏，恳请读者批评指正。

吴光科

2023 年 3 月

致谢

ACKNOWLEDGEMENT

感谢 Linux 之父林纳斯·托瓦兹，他不仅创造了 Linux 系统，还影响了整个开源世界，也影响了我的一生。

感谢我亲爱的父母，含辛茹苦地抚养我们兄弟三人，是他们对我无微不至的照顾，让我有更多的精力和动力去工作，去帮助更多的人。

感谢何红敏、周孝坤、杨政平、洛远、谭庆松、李涛、张强、刘峰、郭大德、田文杰、柴宗虎、张馨、佘仕星、李燊、岳晓勇及其他挚友多年来对我的信任和鼓励。

感谢腾讯课堂所有的课程经理及平台老师，感谢 51CTO 副总裁一休及全体工作人员对我及京峰教育培训机构的大力支持。

感谢京峰教育培训机构的每位学员对我的支持和鼓励，希望他们都学有所成，最终成为社会的中流砥柱。感谢京峰教育首席运营官蔡正雄，感谢京峰教育培训机构的辛老师、朱老师、张老师、关老师、兮兮老师、小江老师、可馨老师等全体老师和助教、班长、副班长，是他们的大力支持，让京峰教育能够帮助更多的学员。

最后要感谢我的爱人黄小红，是她一直在背后默默地支持我、鼓励我，让我有更多的精力和时间去完成这本书。

吴光科

2023 年 3 月

目录

CONTENTS

第1章 企业级 KVM 虚拟化实战

1.1 虚拟化技术概述及简介

IT 行业发展到今天，已经从传统技术、传统运维发展到当下的主流技术、自动化运维虚拟化技术也越来越广泛地应用在企业中，例如百度、阿里巴巴、腾讯、京东、Google 等。

通俗地说，虚拟化就是把物理资源转变为逻辑上可以管理的资源，以打破物理结构之间的壁垒。计算元件运行在虚拟的基础上而不是真实的基础上，可以扩大硬件的容量，简化软件的重新配置过程。

虚拟化技术允许一个平台同时运行多个操作系统，且应用程序都可以在相互独立的空间内运行而互不影响，从而显著提高计算机的工作效率，是一个简化管理、优化资源的解决方案。

虚拟化解决方案的底部是需要进行虚拟化的物理计算机。这台计算机可能直接支持虚拟化，也可能不直接支持虚拟化，后者就需要系统管理程序层的支持。虚拟机管理程序（Virtual Machine Monitor，VMM），可以看作平台硬件和操作系统的抽象化，本质是我们常说的虚拟化技术软件。

通过虚拟化技术软件可以将物理机虚拟生成 N 台虚拟机，应用程序、软件服务（Apache、Nginx、MySQL、Redis、MQ、ZK、Kafka、Ceph、K8S、LVS、Keepalived、Jenkins）可以运行在虚拟机上，而不是直接运行在硬件设备物理机上。

虚拟化技术主要是为了最大化地利用高配硬件设备的资源，提高物理机资源利用率，以实现应用程序、软件服务进程资源隔离，淘汰老旧服务器资源，对老旧服务器资源进行重组、重用，实现企业服务器资源的统一管理和调度。

1.2 互联网虚拟化技术种类

互联网虚拟化技术主要有以下几种。

（1）VMware ESXI。

（2）KVM。

（3）XEN。

（4）Hyper-V。

（5）Open-vz。

（6）Podman。

（7）Docker。

1.3 KVM 虚拟化概念

KVM 虚拟化全称为 Kernel-based Virtual Machine（基于内核的虚拟机），是一个开源的系统虚拟化模块，是针对包含虚拟化扩展（Intel VT 或 AMD-V）的 x86 硬件上 Linux 的完全原生的虚拟化解决方案。

KVM 最早由以色列的公司开发，现在 RedHat 公司斥资 1.07 亿美元收购了 KVM 虚拟化管理程序厂商 Qumranet。严格来讲，KVM 虚拟化技术不是一个软件，而是 Linux 内核里面一种加速虚拟机的功能扩展，自 Linux 2.6.20 之后集成在 Linux 的各个主要发行版本中。KVM 的虚拟化需要硬件支持，如 Intel VT 技术或者 AMD V 技术，属于完全虚拟化。了解 KVM 之前，需要了解 KVM 和 QEMU、Libvirt 之间有什么关系。

KVM 是一款支持虚拟机的技术，是 Linux 内核中的一个功能模块。它在 Linux 2.6.20 之后的任何 Linux 分支中都被支持。但它要求硬件必须达到一定标准。

QEMU 是什么呢。其实它也是一款虚拟化技术，就算不使用 KVM，单纯的 QEMU 也可以完全实现一个虚拟机。

那为何还会有 QEMU-KVM 这个名词呢？虽然 KVM 的技术已经相当成熟，但是在某些方面还是无法虚拟出真实的机器。比如对网卡的虚拟，这时就需要另外的技术做补充，而 QEMU-KVM 正是这样一种技术。它补充了 KVM 技术的不足，且在性能上对 KVM 进行了优化。

Libvirt 又是什么呢？它是一系列库函数，用来管理计算机上的虚拟机。Libvirt 包括各种虚拟机技术，如 KVM、XEN 与 LXC 等，不同虚拟机技术就可以使用不同驱动，但都可以调用 Libvirt 提供的 API 对虚拟机进行管理。我们创建的各种虚拟机都是基于 Libvirt 库及相关命令管理的。

1.4 KVM 虚拟化安装

一台可以运行最新 Linux 内核的 Intel 处理器（含 VT 虚拟化技术）或 AMD 处理器（含 SVM 安全虚拟机技术的 AMD 处理器，又称 AMD-V），需开启 BIOS 虚拟化功能（cpu info -> Virtualization Technology 选项设置为 Enabled）。执行如下指令：

```
egrep 'vmx|svm'  /proc/cpuinfo
```

（1）如果输出结果包含 VMX，它是 Intel 处理器虚拟机技术的标志。

（2）如果输出结果包含 SVM，它是 AMD 处理器虚拟机技术的标志。

（3）如果什么都没有看到，系统不支持虚拟化的处理，不能使用 KVM。

```
yum install -y kvm python-virtinst libvirt bridge-utils virt-manager
qemu-kvm-tools virt-viewer virt-v2v libguestfs-tools
#采用源码安装,安装方法如下
wget ftp://ftp.naist.jp/pub/Linux/momonga/4.1/SOURCES/kvm-33.tar.gz
tar zxf kvm-33.tar.gz
cd kvm-33
./configure --prefix=/usr/local/kvm/
make
make install
#安装完毕,需要如下配置:
ln -s /usr/local/kvm/bin/* /usr/bin/
ln -s /usr/local/kvm/lib/* /usr/lib/
ln -s /usr/local/kvm/lib64/* /usr/lib64/
#若为 x86_64 系统,则执行如下代码
ln -s /usr/local/kvm/lib64/* /usr/lib64/
ln -s /usr/local/kvm/include/kvmctl.h /usr/include/
ln -s /usr/local/kvm/include/linux/* /usr/include/linux/
ln -s /usr/local/kvm/share/qemu /usr/share/
```

1.5 KVM 网桥配置实战

KVM 虚拟机网络配置有以下两种模式。

1）NAT 模式

NAT 模式是让虚拟机访问主机、互联网或本地网络上的资源的简单方法，但是不能从网络或其他客户机访问客户机。

2）Bridge 模式

Bridge 模式下，主机与主机之间、客户机与主机之间的通信都很容易，使虚拟机成为网络中具有独立 IP 的主机，如图 1-1 所示。

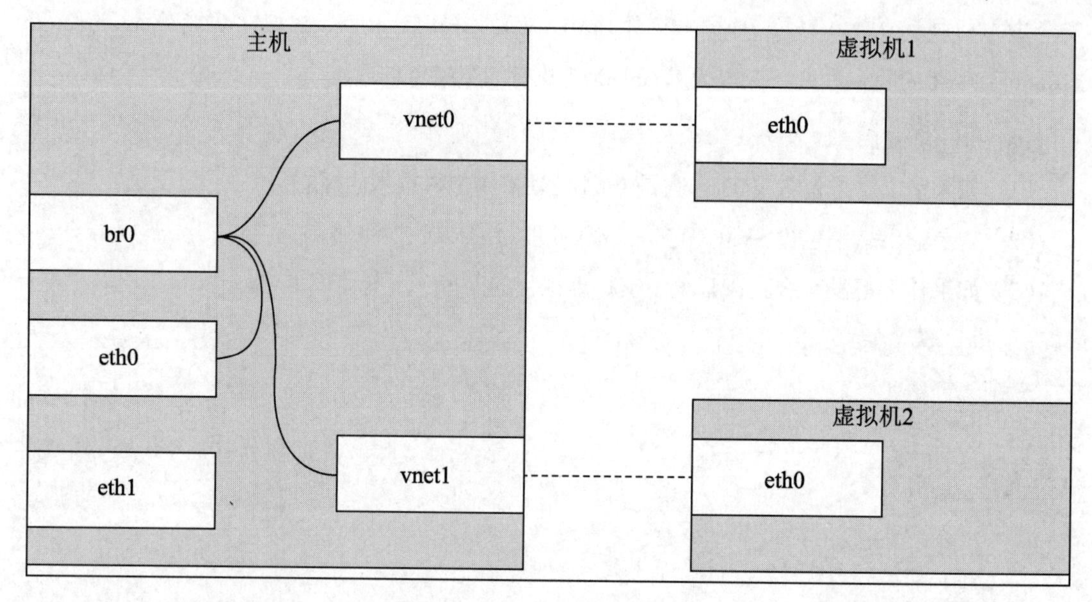

图 1-1　KVM 桥接网络结构图

其中 Bridge 模式构建步骤如下所述。

（1）新建网卡名称为 br0，即桥接模式。同时在 eth0 网卡中指定桥接网卡名称，在 /etc/sysconfig/network-scripts/下修改 ifcfg-eth0，添加如下信息：

```
DEVICE=eth0
HWADDR=00:0C:29:12:4D:30
TYPE=Ethernet
BRIDGE="br0"
ONBOOT=yes
NM_CONTROLLED=yes
BOOTPROTO=static
IPADDR=192.168.33.10
NETMASK=255.255.255.0
GATEWAY=192.168.33.1
```

（2）创建 ifcfg-br0 桥接网卡，内容如下：

```
DEVICE="br0"
HWADDR=00:0C:29:12:4D:30
BOOTPROTO=none
IPV6INIT=no
NM_CONTROLLED=no
ONBOOT=yes
TYPE="Bridge"
USERCTL=no
IPADDR=192.168.33.10
NETMASK=255.255.255.0
GATEWAY=192.168.33.1
```

KVM 虚拟机安装需要选择磁盘镜像的格式，通常有以下两种选择。

① Raw。Raw 格式是原始镜像，会直接作为一个块设备供虚拟机使用，I/O 性能比 Qcow2 高，不支持快照。

② Qcow2。它支持镜像快照、zlib 磁盘压缩、AES 加密等。

无论哪种格式，对磁盘的利用率来说都是一样的，因为实际占用的块数量都是一样的。但是 Raw 的虚拟机会比 Qcow2 的虚拟机 I/O 效率高一些，所以应根据实际应用环境选择磁盘镜像的格式。

（3）查看 KVM 虚拟机配置文件路径，配置如下：

```
[root@localhost ~]# ll /etc/libvirt/qemu/
drwxr-xr-x 2 root root 4096 12月 24 23:10 autostart
-rw------- 1 root root 2464 12月 20 20:11 centos01.xml
-rw------- 1 root root 2386 12月 27 18:42 centos10.xml
drwx------ 3 root root 4096 12月 10 11:11 networks
```

① autostart 目录为真实物理机开机，需要自动启动的各虚拟机的配置文件。

② networks 目录包含-虚拟网络（Virtbr0）用作 NAT 接口。

（4）KVM 创建虚拟机，Raw 格式创建命令如下：

```
virt-install --name=centos01 --ram 300 --vcpus=1 --disk path=/data/kvm/
centos01.img,size=4,bus=virtio --accelerate --cdrom /data/iso/centos7.6.
iso --vnc --vncport=5910 --vnclisten=0.0.0.0 --network bridge=br0,model=
virtio  --noautoconsole
```

（5）安装虚拟机之前先创建 ISO 镜像，最后通过 VNC 客户端连接，进行系统安装。创建方法如下：

```
nohup cp /dev/cdrom /data/iso/centos7.6.iso &
```

（6）KVM 创建虚拟机，Qcow2 格式创建命令如下：

```
qemu-img create -f qcow2 centos02.img 7G
virt-install --name=oelcentos02 --ram 512 --vcpus=1 --disk path=/data/
centos02.img,format=qcow2,size=7,bus=virtio --accelerate --cdrom /data/
iso/centos7.6.iso --vnc --vncport=5910 --vnclisten=0.0.0.0 --network
bridge=br0,model=virtio -noautoconsole  --no-acpi
```

（7）Virt-install 参数说明如下。

--name：指定虚拟机名称。

--ram：分配内存大小。

--vcpus：分配 CPU 核心数，最大与实体机 CPU 核心数相同。

--disk：指定虚拟机镜像，size 指定分配大小单位为 GB。

--network：网络类型，此处用的是默认，一般采用的应该是 Bridge 模式。

--accelerate：加速。

--cdrom：指定安装镜像 ISO。

--vnc：启用 VNC 远程管理，一般安装系统都要启用。

--vncport：指定 VNC 监控端口，默认端口为 5900，端口不能重复。

--vnclisten：指定 VNC 绑定 IP 地址，设置为 0.0.0.0。

--no-acpi：官方推荐使用--no-acpi 参数，原因是 QEMU/KVM 不太支持，可能造成 CPU 的占用偏高。但是 Windows 7 不支持--no-acpi 参数（ACPI 表示高级配置和电源管理接口）。

KVM 虚拟机可以用光盘安装，也可以使用 pxe 网卡安装（推荐），按 Ctrl+B 组合键，执行 autoboot 网卡启动。

（8）重启 Libvirtd 服务，命令如下：

```
/etc/init.d/libvirtd restart
```

（9）查看当前正运行的虚拟机，命令如下：

```
virsh -c qemu:///system list
virsh  list
```

（10）启动、停止、关闭、重启虚拟机，操作指令分别如下：

```
virsh start centos01
virsh stop centos01
virsh shutdown centos01
```

```
virsh reboot centos01
```

（11）删除虚拟机，操作指令如下：

```
virsh  destroy  centos01
virsh  undefine  centos01
rm  -rf   /data/kvm/centos01.img
```

（12）KVM 虚拟机克隆，操作指令如下：

```
nohup virt-clone  -o  centos01 -n centos02 -f /data/kvm/centos02.img&
```

① -o，表示旧的虚拟机名称。

② -n，表示新的虚拟机名称。

③ -f，表示新的虚拟机路径，克隆完毕后需要修改新虚拟机的 MAC 和 UUID。

安装完虚拟机，发现虚拟机竟然是 100MB 网络，传输速率很低，是什么导致的、应如何解决呢？需要修改 vm01.xml 配置文件网卡段，添加如下代码，改为 e1000，即设置为千兆以太网卡，重新定义 XML 文件，重启虚拟机即可。操作代码如下：

```
<interface type='bridge'>
     <mac address='52:54:00:c2:84:c0'/>
     <source bridge='br0'/>
     <model type='e1000'/>
     <address type='pci' domain='0x0000' bus='0x00' slot='0x03' function=
'0x0'/>
</interface>
virsh define vm01.xml
```

1.6　KVM 虚拟化硬盘扩容

根据以上方法操作，即可成功创建 KVM 虚拟机，在企业生产环境中，有时需要对现有虚拟机镜像磁盘扩容，操作指令如下：

```
#创建 20GB 扩容镜像
qemu-img create -f raw add_centos01.img 20G
virsh attach-disk  centos01  /data/kvm/add_centos01.img  vdb --cache none
#查看虚拟机磁盘信息
fdisk -l
#格式化磁盘即可
mkfs.ext3 /dev/vdb
<disk type='file' device='disk'>
```

```
        <driver name='qemu'  type='raw'  cache='none'/>
        <source file='/data/kvm/add_centos01.img'/>
        <target dev='vdb' bus='virtio'/>
</disk>
```

1.7 KVM 虚拟机批量克隆实战

在企业生产环境中，同时需要多个 KVM 虚拟机的时候怎么办，如何快速生成多个虚拟机？最快的办法就是克隆虚拟机。

（1）操作方法一，单个虚拟机克隆命令如下：

```
virt-clone -o vm01 -n vm02 -f /data/kvm/vm02.img
```

（2）操作方法二，多个虚拟机克隆，脚本如下：

```
#!/bin/sh
#Auto Batch Add KVM Virtual
#Author jfedu 2021-6-17
#Define Variables
XML_DIR=/etc/libvirt/qemu/
KVM_DIR=/data/kvm/
COUNT1='ls  $XML_DIR|grep xml|tail -1 |sed 's/[^0-9]//g''
COUNT2='expr $COUNT1 + 1'
add_kvm()
{
cat <<eof
#VIR_NAME  RAM{M}    SIZE{g}
centos01   1024       2
centos02   512        3
centos03   1024       4
centos04   1024       5
centos05   1024       6
eof
echo "=================================="
if
    [ ! -e kvm.txt ];then
    echo "The kvm.txt File does not exist,Please create ......"
    exit
fi
#Auto Create machines
```

```
if
        [ ! -s kvm.txt ];then
        echo "The kvm.txt is empty file,Please Refer Above Content ......"
        exit
fi
rm -rf kvm.txt.swp;cat kvm.txt|grep -v "#" >>kvm.txt.swp
while read line
do
    NAME='echo $line |grep -v "^#" |awk '{print $1}''
    RAM='echo  $line |grep -v "^#" |awk '{print $2}''
    SIZE='echo $line |grep -v "^#" |awk '{print $3}''
    /usr/bin/virt-install --name=${NAME} --ram ${RAM} --vcpus=1 --disk
path=/data/kvm/${NAME}.img,size=${SIZE},bus=virtio --accelerate --cdrom
/data/iso/centos7.6.iso --vnc --vncport=-1 --vnclisten=0.0.0.0 -network
 bridge=br0,model=virtio --noautoconsole
done <kvm.txt.swp
}

clone_kvm()
{
    read -p "Please Enter you want create virtual machines count: " COUNT3
    COUNT4='expr ${COUNT1} + ${COUNT3}'
    for i in 'seq ${COUNT2} ${COUNT4}'
    do
    UUID='/usr/bin/uuidgen'

    MAC=52\\:54\\:$(dd if=/dev/urandom count=1 2>/dev/null | md5sum | sed
's/^\(..\)\(..\)\(..\)\(..\).*$/\1\\:\2\\:\3\\:\4/')
    cd $XML_DIR;cp centos01.xml centos${i}.xml
    cd $XML_DIR;sed -i -e "/uuid/s:.*:<uuid>$UUID</uuid>:g" -e "s/centos01/
centos${i}/g" -e "/<mac/s:.*:<mac address='$MAC'/>:g" centos${i}.xml
        cd $KVM_DIR;nohup cp centos01.img centos${i}.img &
    /usr/bin/virsh define $XML_DIR/centos${i}.xml
    echo "The Virtual machines Info:"
        echo "The centos${i} Virtual machines created successfull"
    done
}
delete_kvm()
{
    read -p "Please Enter you want deleted virtual machines :" name
    for i in 'echo ${name} |sed 's/ /\n/g''
```

```
    do
     /usr/bin/virsh destroy $i
     /usr/bin/virsh undefine $i;echo "The $i Virtual machines Deleted
Successfully"
    done
}
case $1 in
    add_kvm )
    add_kvm
    ;;
    clone_kvm )
    clone_kvm
    ;;
    delete_kvm )
    delete_kvm
    ;;
    *)
    echo Usage: $0 "{add_kvm|clone_kvm|delete_kvm|help}"
    ;;
esac
```

1.8 ESXI 虚拟化技术概念

VMware 服务器虚拟化第一个产品命名为 ESX，后来 VMware 在第 4 版本时推出了 ESXI。ESXI 和 ESX 的版本最大的技术区别是内核的变化。

从第 4 版本开始 VMware 把 ESX 及 ESXi 产品统称为 vSphere，但是 VMware 从第 5 版本开始取消了原来的 ESX 版本，所以现在 VMware 虚拟化产品 vSphere 都是 ESXI。官方称为 vSphere 虚拟化技术，其实也可以称为 ESXI 虚拟化技术。

VMware、vSphere 是业界领先且最可靠的虚拟化平台。vSphere 将应用程序和操作系统从底层硬件中分离出来，从而简化了操作。现有的应用程序可以看到专有资源，而服务器则可以作为资源池进行管理。因此，具体业务将在简化但恢复能力极强的 IT 环境中运行。

VMware、vSphere、Essentials 和 Essentials Plus 套件专为工作负载不足 20 台服务器的 IT（Internet Technology，互联网技术）环境而设计，只需极少的投资即可通过经济高效的服务器整合和业务连续性为小型企业提供企业级 IT 管理。结合使用 vSphere Essentials Plus 与 vSphere Storage Appliance 软件，无须共享存储硬件即可实现业务连续性。

VMware ESXI 虚拟化有以下特点：

（1）确保业务连续性和始终可用的 IT。

（2）降低 IT 硬件和运营成本。

（3）提高应用程序质量。

（4）增强安全性和数据保护能力。

1.9　XEN 虚拟化技术概念

XEN 是由剑桥大学开发的，是一个基于 X86 架构、发展最快、性能最稳定、占用资源最少的开源虚拟化技术。XEN 可以在一套物理硬件上安全地运行多个虚拟机，与 Linux 是一个完美的开源组合。Novell SUSE Linux Enterprise Server 最先采用了 XEN 虚拟技术。它特别适用于服务器应用整合，可有效节省运营成本，提高设备利用率，最大化利用数据中心的 IT 基础架构。

实际上 XEN 出现的时间要早于 KVM 虚拟化。严格来讲，XEN 是一个开源的虚拟机监视器，属于半虚拟化技术，其架构决定了它注定不是真正的虚拟机，只是自己运行了一个内核的例子。

XEN 虚拟化，同时区分 XEN+pv+和 XEN+hvm，其中 pv 只支持 Linux，而 hvm 则支持 Windows 系统。除此之外，XEN 还拥有更好的可用资源、平台支持、可管理性、易实施、支持动态迁移和性能基准等优势。

第2章 企业级 Docker 虚拟化实战

Docker 是一款轻量级、高性能的虚拟化技术，是目前互联网使用最多的虚拟化技术。Docker 虚拟化技术的本质类似于集装箱机制。集装箱没有出现的时候，码头上有许多工人在搬运货物；集装箱出现以后搬运模式更加单一、更加高效，码头上更多的不是工人，而是集装箱。

将货物都打包在集装箱里面，可以防止货物之间相互影响。并且如果到了另外一个码头需要转运，有了集装箱以后，直接把它运送到另一个码头即可，完全可以保证里面的货物是整体的搬迁，并且不会损坏货物本身。

Docker 技术机制与集装箱类似。Docker 虚拟化是一个开源的应用容器引擎，让开发者可以打包他们的应用以及依赖包到一个可移植的容器中，然后发布到任何流行的 Linux 机器上，以实现虚拟化。

Docker 容器完全使用沙箱机制，相互之间不会有任何接口，几乎没有性能开销，可以很容易地在机器和数据中心中运行。最重要的是，它们不依赖于任何语言、框架或包括系统。

Docker 自开源后受到广泛的关注和讨论，以至于 dotCloud 公司后来都改名为 Docker Inc。

Redhat 已经在其 RHEL 6.5 中集中支持 Docker；Google 也在其 PaaS 产品中广泛应用，Docker 项目的目标是实现轻量级的操作系统虚拟化解决方案。

Docker 的基础是 Linux 容器（LXC）等技术。在 LXC 的基础上 Docker 进行了进一步的封装，让用户不需要去关心容器的管理，使操作更为简便。用户操作 Docker 的容器就像操作一个快速轻量级的虚拟机一样简单。

Docker 和传统虚拟化（KVM、XEN、Hyper-V、ESXI）结构的不同之处如图 2-1 所示。

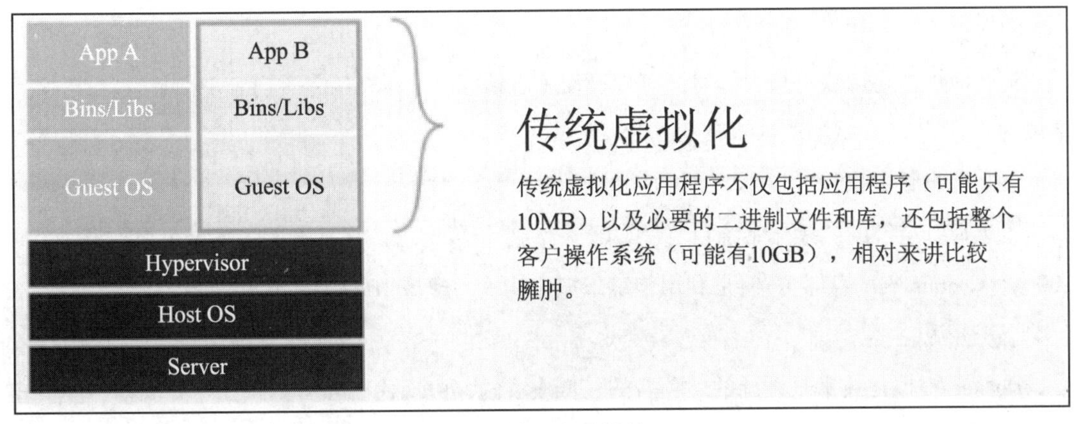

（a）传统虚拟化结构

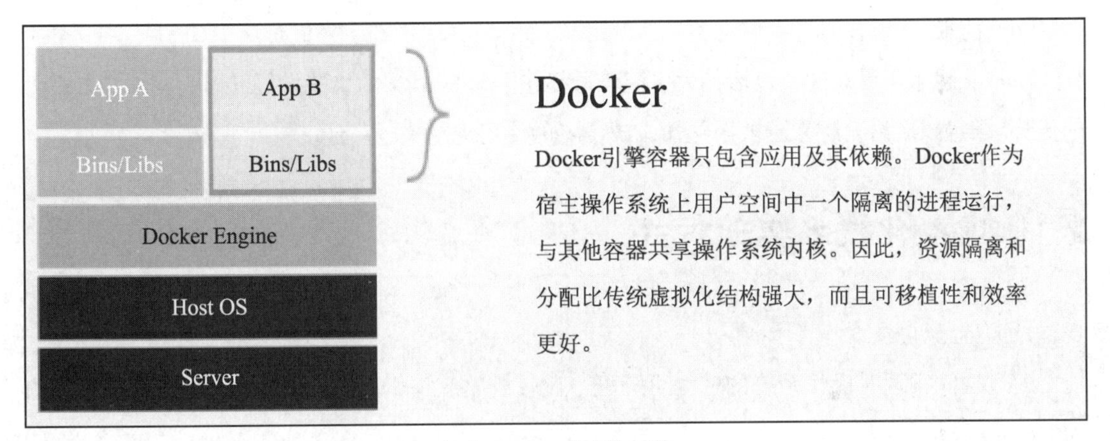

（b）Docker 虚拟化结构

图 2-1　Docker 和传统虚拟化结构的差异

（1）Docker 虚拟化技术概念总结如下。

Docker 虚拟化技术是在硬件的基础上，基于现有的操作系统层面上实现虚拟化，直接复用本地主机的操作系统，直接虚拟生成 Docker 容器。而 Docker 容器上部署相关的 App 应用（Apache、MySQL、PHP、Java）。

（2）传统虚拟化技术概念总结如下。

KVM、XEN、ESXI 等传统虚拟化（完全、半虚拟化）技术是在硬件的基础上，基于现有的操作系统实现虚拟化，但是不能复用本地主机的操作系统，而是必须虚拟出自己的 Guest OS 系统，然后在 Guest OS 系统上部署相关的 App 应用（如 Apache、MySQL、PHP、Java 等）。

Docker 虚拟化技术与传统虚拟化技术相比具有以下几种优点。

（1）操作启动快。

运行时性能可以获得极大提升，管理操作（启动、停止、开始、重启等）都是以 s 或 ms 为单位的。

（2）轻量级虚拟化。

可以拥有足够的“操作系统”，仅需添加或减少镜像即可。在一台服务器上可以部署 100～1000 个 Containers（容器）。但是利用传统虚拟化技术，虚拟 10～20 个虚拟机就不错了。

（3）开源免费。

Docker 虚拟化技术是开源的、免费的、低成本的，由现代 Linux 内核支持并驱动。注重轻量的 Container，可以在一个物理机上开启更多“容器”，注定比传统虚拟化技术便宜。

（4）前景及云支持。

Docker 越来越受欢迎，包括各大主流公司都在推动 Docker 的快速发展，因为其性能有很大的优势。随着 Go 语言越来越被人熟知，Docker 的使用也越来越广泛。

2.1 虚拟化技术实现方式

1）完全拟化技术

通过软件实现对操作系统的资源再分配，比较成熟。完全虚拟化代表技术有 KVM、ESXI 和 Hyper-V。

2）半虚拟化技术

通过代码修改已有的系统，形成一种新的可虚拟化的系统，并调用硬件资源去安装多个系统，整体速度上相对较高。半虚拟化代表技术为 XEN。

3）轻量级虚拟化

介于完全虚拟化技术和半虚拟化技术之间。轻量级虚拟化代表技术为 Docker。

2.2 Docker LXC 及 Cgroup 原理剖析

Docker 虚拟化技术结构体系最早为 LXC（Linux Container）和 AUFS（Another Union File System）结构组合。Docker 0.9.0 版本开始引入 LibContainer，可以视作 LXC 的替代品。

LXC 也是一种虚拟化的解决方案。和 KVM、XEN、ESXI 虚拟化技术基于硬件层面虚拟化不同，LXC 是基于内核级的虚拟化技术，Linux 操作系统软件服务进程之所以能够相互独立，且系统能够控制每个服务进程的 CPU 和内存资源，也是得益于 LXC 容器技术。

0.9.0 版本之后的 Docker 虚拟化技术在 LXC 基础上进一步封装，比 LXC 技术更完善，并提供了一系列完整的功能。在 Docker 虚拟化技术中，LXC 主要负责资源管理，AUFS 主要负责镜像管理，而 LXC 又包括 Cgroup、NameSpace、Chroot 等组件，并通过 Cgroup 进行资源管理。从资源管理结构体系上来看，Docker、LXC、Cgroup 三者的关系如下：

Cgroup 在最底层落实资源管理，LXC 在 Cgroup 上封装了一层，Docker 又在 LXC 封装了一层。要深入掌握 Docker 虚拟化技术，需要了解负责资源管理的 Cgroup 和 LXC 相关概念和用途。Docker、LXC、Cgroup、AUFS 结构如图 2-2 所示。

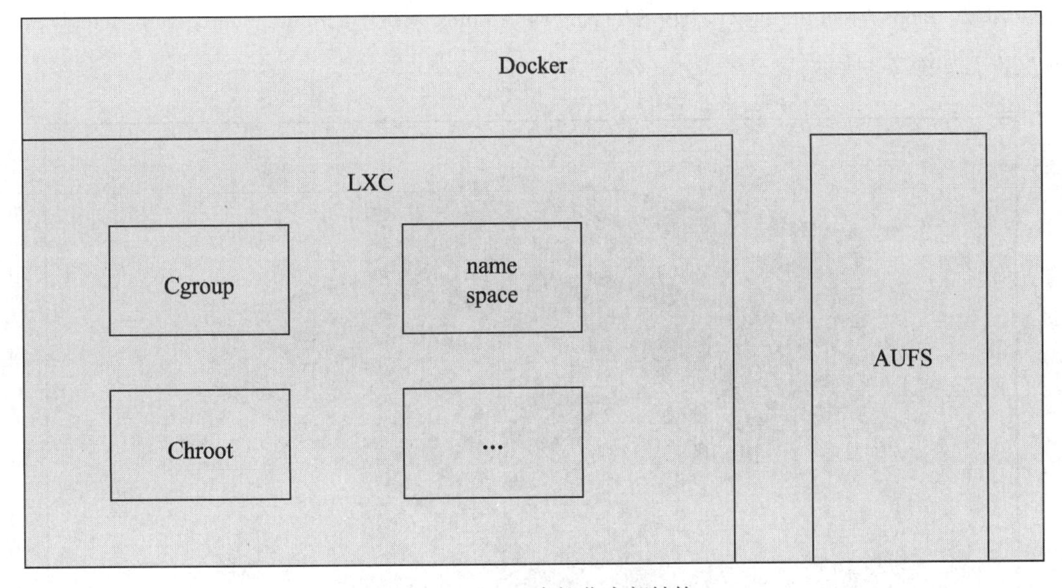

图 2-2　Docker 虚拟化内部结构

Cgroup 又名 Control group，是 Linux 内核提供的一种可以用于限制、记录、隔离进程组的物理资源（CPU、Memory、I/O、NET）的机制。

Cgroup 最初由 Google 的工程师提出，后来被整合进 Linux 内核。Cgroup 也是 LXC 为实现虚拟化所使用的资源管理手段。没有 Cgroup，就没有 LXC；没有 LXC，就没有 Docker。

Cgroup 最初的目标是为资源管理提供一个统一的框架，既整合现有的 Cpuset 等子系统，也为未来开发新的子系统提供接口。现在的 Cgroup 适用于多种应用场景，从单个进程的资源控制，到实现操作系统层次的虚拟化（OS Level Virtualization）。

LXC 可以提供轻量级的虚拟化，以便隔离进程和资源，且不需要提供指令解释机制及全虚拟化的其他复杂性。容器有效地将由单个操作系统管理的资源划分到相互独立的组中，以更好地在组间平衡相互冲突的资源使用需求。

LXC 建立在 Cgroup 基础上，可以理解为 LXC=Cgroup+ namespace + Chroot + veth +用户态控制脚本。

LXC 利用内核的新特性（Cgroup）提供用户空间的对象，用来保证资源的隔离和对应用或系统的资源控制。

典型的 Linux 文件系统由 bootfs 和 rootfs 两部分组成，bootfs（boot file system）主要包含 Bootloader 和 Kernel。Bootloader 主要用于引导加载 Kernel，当 Kernel 被加载到内存中后，bootfs 就被卸载。rootfs（root file system）包含的就是典型 Linux 系统中的/dev、/proc、/bin、/etc 等目录和文件，如图 2-3 所示。

图 2-3　bootfs 和 rootfs 结构图

Docker 容器的文件系统最早是建立在 AUFS 基础上的。AUFS 是一种 UnionFS，简单来说就是支持将不同的目录挂载到同一个虚拟文件系统下，并实现一种 layer 的概念。由于 AUFS 未能加入 Linux 内核，考虑到兼容性问题，加入了 devicemapper 的支持。

Docker 虚拟化磁盘文件系统，默认使用 devicemapper 方式。Docker 虚拟化目前支持 6 种文件系统：AUFS、Btrfs、Device Mapper、OverlayFS、ZFS、VFS，如图 2-4 所示。

Technology（技术）	Storage driver name（存储驱动程序名）
OverlayFS	overlay
AUFS	aufs
Btrfs	btrfs
Device Mapper	devicemapper
VFS	vfs
ZFS	zfs

图 2-4　Docker 虚拟化支持的文件系统

2.3　AUFS 简介

AUFS 将挂载到同一虚拟文件系统下的多个目录分别设置成 read-only（只读）、read-write（读写）以及 whiteout-able 权限，对 read-only 目录只能读，而写操作只能实施在 read-write 目录中。重点在于，写操作是在 read-only 上的一种增量操作，不影响 read-only 目录。

挂载目录时要严格按照各目录之间的这种增量关系，将被增量操作的目录优先于在它基础上增量操作的目录挂载，待所有目录挂载结束后，继续挂载一个 read-write 目录，如此便形成了一种层次结构。

传统的 Linux 加载 bootfs 时会先将 rootfs 设为 read-only，在系统自检之后将 rootfs 从 read-only 改为 read-write，然后就可以在 rootfs 上进行写和读的操作了。但 Docker 的镜像却不是这样，它在 bootfs 自检完毕之后并不会把 rootfs 的 read-only 改为 read-write，而是利用 union mount（UnionFS 的一种挂载机制）将一个或多个 read-only 的 rootfs 加载到之前的 read-only 的 rootfs 层之上。

在加载了这么多层的 rootfs 之后，仍然让它看起来只像是一个文件系统，在 Docker 的体系里把 union mount 的这些 read-only 的 rootfs 叫作 Docker 的镜像。但此时的每一层 rootfs 都是 read-only 的，还不能对其进行操作。当创建一个容器，也就是将 Docker 镜像进行实例化，系统会在一层或多层 read-only 的 rootfs 之上分配一层空的 read-write 的 rootfs。一个完整的容器文件系统层级结构如图 2-5 所示。

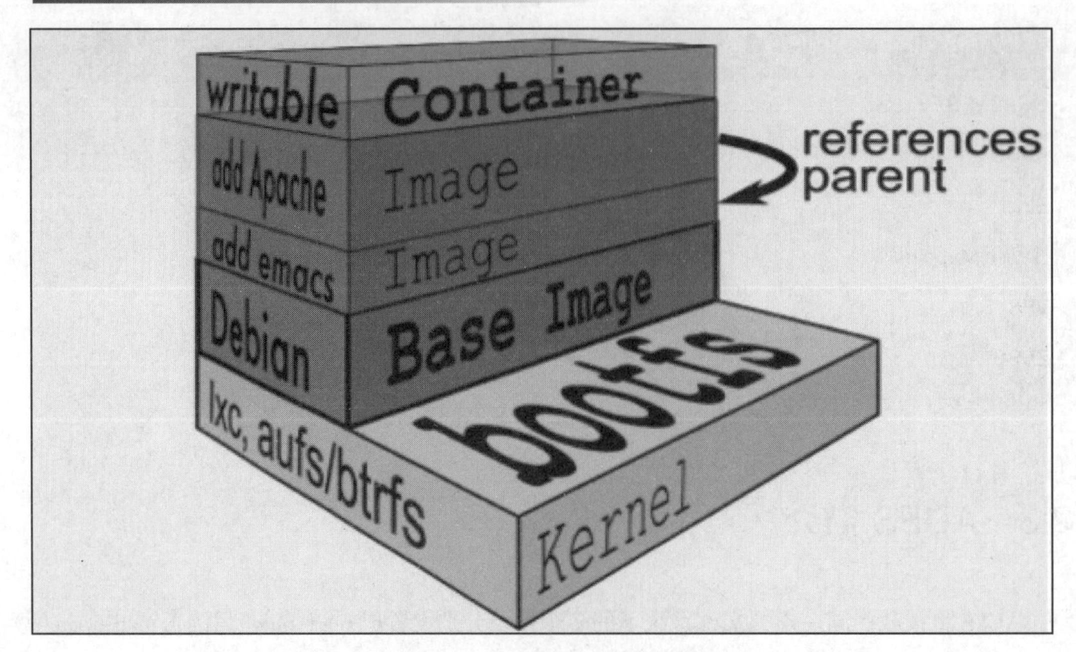

图 2-5　Docker 容器文件系统结构

2.4　Device Mapper 文件系统简介

Device Mapper 是 Linux 2.6 内核中支持逻辑卷管理的通用设备映射机制，它为实现用于存储资源管理的块设备驱动提供了一个高度模块化的内核架构。

Device Mapper 的内核体系架构如图 2-6 所示。

Device Mapper 在内核中通过一个一个模块化的 Target driver 插件实现对 I/O 请求的过滤或者重新定向等工作，当前已经实现的 Target driver 插件包括软 RAID、软加密、逻辑卷条带、多路径、镜像、快照等，图 2-6 中 linear、mirror、snapshot、multipath 表示的是 Target driver。

Device Mapper 进一步体现了 Linux 内核设计中策略和机制分离的原则，将所有与策略相关的工作放到用户空间完成，内核中主要提供完成这些策略所需要的机制。

Device Mapper 用户空间相关部分主要负责配置具体的策略和控制逻辑，比如逻辑设备和哪些物理设备建立映射、怎么建立这些映射关系等，而具体过滤和重定向 I/O 请求的工作由内核中相关代码完成。因此，整个 Device Mapper 机制由两部分组成——内核空间的 Device Mapper 驱动、用户空间的 Device Mapper 库及其提供的 Dmsetup 工具。

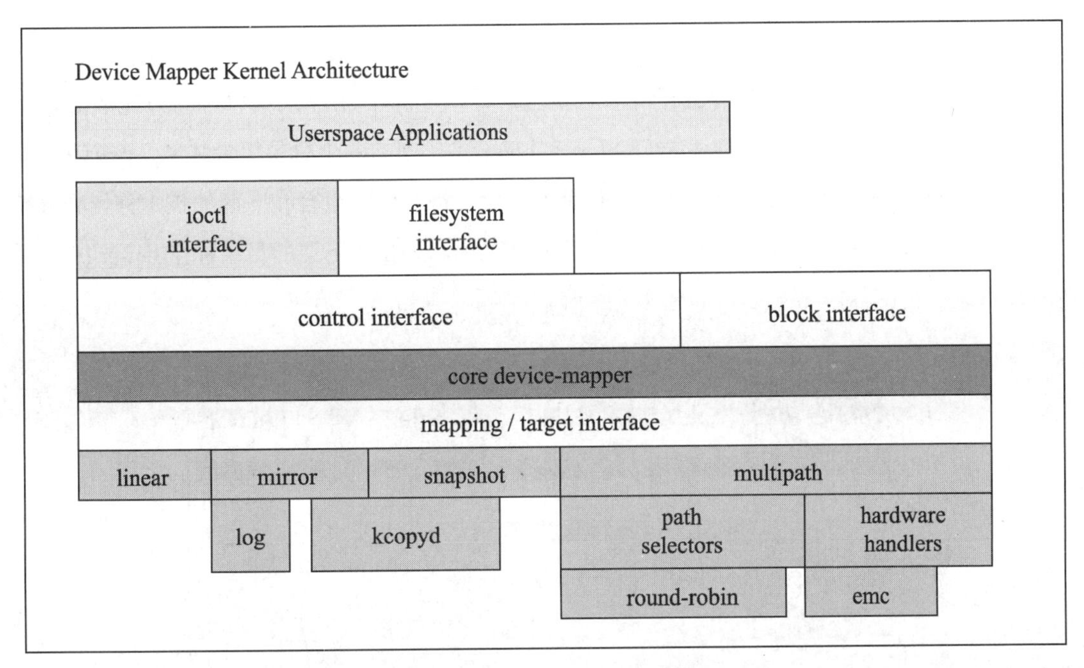

图 2-6　Device Mapper 内核架构

2.5　OverlayFS 简介

OverlayFS 是目前使用比较广泛的层次文件系统，是一种类似 AUFS 的堆叠文件系统，于 2014 年正式合并入 Linux 3.18 主线内核。OverlayFS 文件系统实现简单，且性能良好，可以充分利用不同或相同 Overlay 文件系统的 Page Cache，具有上下合并、同名遮盖、写时复制等特点。

Page Cache 也称为页缓冲或文件缓冲，由多个磁盘块构成，大小通常为 4KB，在 64 位系统上为 8KB，构成的几个磁盘块在物理磁盘上不一定连续，文件的组织单位为一页，也就是一个 Page Cache 大小，文件读取是由外存上不连续的几个磁盘块到 Buffer Cache，组成 Page Cache，然后供给应用程序。

Page Cache 用于在 Linux 读写文件时缓存文件的逻辑内容，从而加快对磁盘上映像和数据的访问。加速对文件内容的访问，Buffer Cache 缓存文件的具体内容——物理磁盘上的磁盘块，这是加速对磁盘的访问。

Docker 虚拟化 Overlay 存储驱动利用了很多 OverlayFS 特性构建和管理镜像与容器的磁盘结构。从 Docker 1.12 起，Docker 也支持 Overlay2 存储驱动。与 Overlay 相比，Overlay2 在 Inode 优化上更加高效。但 Overlay2 驱动只兼容 Linux Kernel 4.0 及以上的版本。

OverlayFS 加入 Linux Kernel 主线后，在 Linux Kernel 模块中的名称从 OverlayFS 改名为 Overlay。在实际用中，OverlayFS 代表整个文件系统，而 Overlay/Overlay2 表示 Docker 的存储驱动。

在 Docker 虚拟化技术中，OverlayFS 将一个 Linux 主机中的两个目录组合起来，一个在上，一个在下，对外提供统一的视图。这两个目录就是层，将两个层组合在一起的技术称作联合挂载（Union Mount）。在 OverlayFS 中，上层的目录称作 Upper Dir，下层的目录称作 Lower Dir，对外提供的统一视图称作 Merged，如图 2-7 所示。

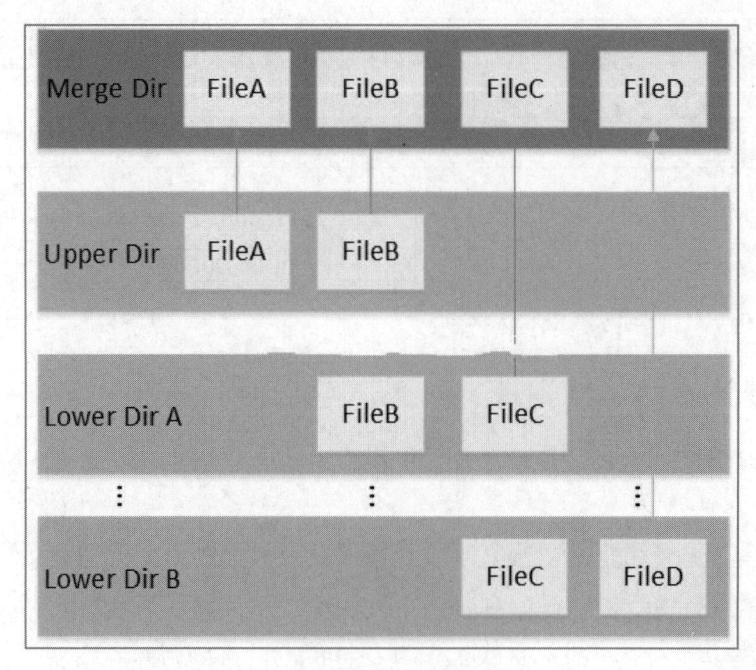

图 2-7 OverlayFS 结构图

当需要修改一个文件时，使用 Copy On Write（写时复制）将文件从只读的 Lower Dir 复制到可写的 Upper Dir 进行修改，结果也保存在 Upper Dir 层。在 Docker 中，底下的只读层是 Image，可写层是 Container。

如果镜像层和容器层可以有相同的文件，则 Upper Dir 中的文件将覆盖 Lower Dir 中的文件。Docker 镜像中的每一层并不对应 OverlayFS 中的层，而是/var/lib/docker/overlay 中的一个文件夹，文件夹以该层的 UUID 命名，然后使用硬链接将下层的文件引用到上层，在一定程度上可以节省磁盘空间。

容器和镜像的层与 OverlayFS 的 Upper Dir、Lower Dir、Merged Dir 之间的对应关系，如图 2-8 所示。

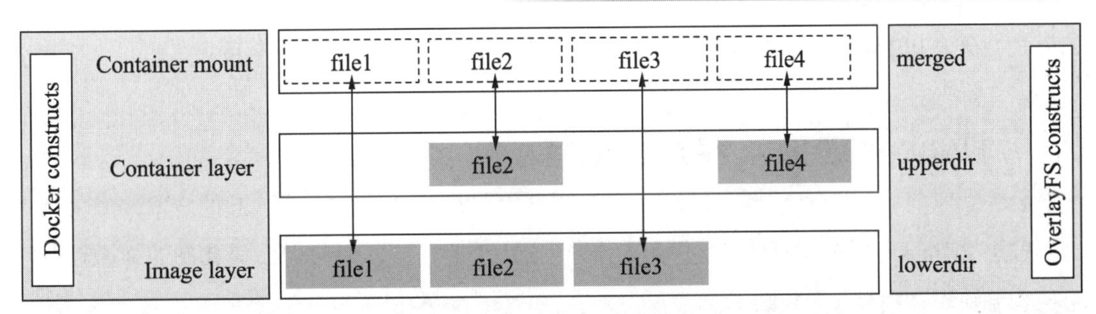

图 2-8　OverlayFS 文件系统结构

2.6　为什么使用 Docker

Docker 在以下几方面具有较大的优势。

（1）更快速的交付和部署。

Docker 在整个开发周期内都可以完美地辅助开发者实现快速交付。Docker 允许开发者在装有应用和服务本地容器做开发。可以直接集成到可持续开发流程中。

开发者可以使用一个标准的镜像构建一套开发容器，开发完成之后，运维人员可以直接使用这个容器部署代码。Docker 可以快速创建容器，快速迭代应用程序，并让整个过程全程可见，使团队中的其他成员更容易理解应用程序是如何创建和工作的。Docker 容器很轻很快，容器的启动时间是秒级的，可有效节约开发、测试、部署的时间。

（2）高效的部署和扩容。

Docker 容器几乎可以在任意平台上运行，包括物理机、虚拟机、公有云、私有云、个人计算机、服务器等。这种兼容性可以让用户把应用程序从一个平台直接迁移到另外一个平台。

Docker 的兼容性和轻量特性可以很轻松地实现负载的动态管理。可以快速扩容或方便地下线应用和服务，这种速度趋近实时。

（3）更高的资源利用率。

Docker 对系统资源的利用率很高，一台主机上可以同时运行数千个 Docker 容器。容器除了运行其中应用外，基本不消耗额外的系统资源，使得应用的性能很高，同时系统的开销尽量小。传统虚拟机方式运行 10 个不同的应用就要建 10 个虚拟机，而 Docker 只需要启动 10 个隔离的应用即可。

（4）更简单的管理。

使用 Docker，只需要小小的修改，就可以替代以往大量的更新工作。所有的修改都以增量的方式被分发和更新，从而实现自动化且高效的管理。

2.7 Docker 镜像、容器、仓库

熟悉了 Docker 虚拟化简介、组件和工作原理之后，还需要掌握 Docker 虚拟化镜像原理、引擎架构等知识。

Docker 虚拟化技术有三个基础概念：Docker 镜像、Docker 容器、Docker 仓库。

（1）Docker 镜像。

Docker 虚拟化最基础的组件为镜像，类似常见的 Linux ISO 镜像。但是 Docker 镜像是分层结构的，由多个层级组成，每个层级分别存储软件实现某个功能。Docker 镜像是静止的、只读的，不能对镜像进行写操作。

（2）Docker 容器。

Docker 容器是 Docker 虚拟化的产物，也是最早在生产环境中使用的对象。Docker 容器的底层是 Docker 镜像，是基于镜像运行，并在镜像最上层添加一层容器层之后的实体。容器层是可读、可写的，容器层如果需用到镜像层中的数据，可以通过 JSON 文件读取镜像层中的软件和数据，对整个容器进行修改。写操作只能作用于容器层，不能直接对镜像层进行写操作。

（3）Docker 仓库。

Docker 仓库是用于存放 Docker 镜像的地方。Docker 仓库分为两类，分别是公共仓库（Public）和私有仓库（Private）。国内和国外有很多默认的公共仓库，对外开放，免费或者付费使用。企业测试环境和生产环境推荐自建私有仓库，私有仓库的特点为安全、可靠、稳定、高效，能够根据自身的业务体系进行灵活升级和管理。

2.8 Docker 镜像原理剖析

完整的 Docker 镜像可以支撑一个 Docker 容器的运行，在 Docker 容器运行过程中主要提供文件系统数据支撑。Docker 镜像是分层结构的，由多个层级组成，每个层级分别存储各种软件实现某个功能。Docker 镜像作为 Docker 中最基本的概念，有以下几个特性。

（1）镜像是分层的，每个镜像都由一个或多个镜像层组成。

（2）可通过在某个镜像加上一定的镜像层得到新镜像。

（3）通过编写 Dockerfile 或基于容器 Commit 实现镜像制作。

（4）每个镜像层拥有唯一镜像 ID，Docker 引擎默认通过镜像 ID 识别镜像。

（5）镜像在存储和使用时，共享相同的镜像层，在 PULL 镜像时，已有的镜像层会自动跳过下载。

（6）每个镜像层都是只读，即使启动成容器，也无法对其进行真正的修改，修改只会作用于最上层的容器层。一个完整的 Docker 容器系统如图 2-9 所示。

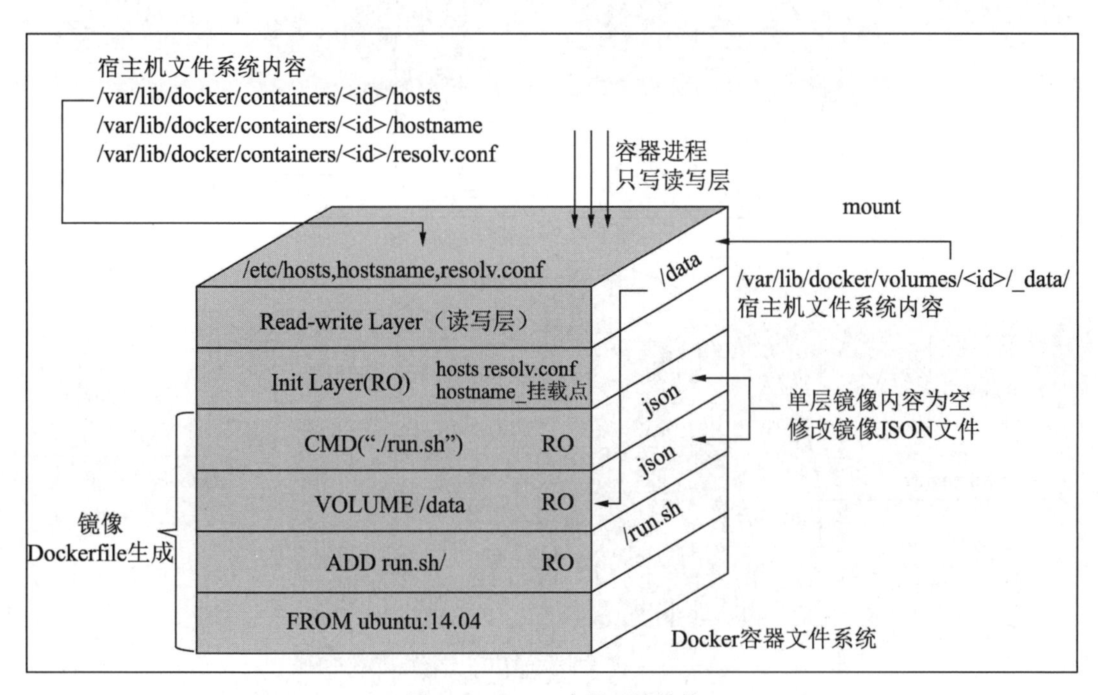

图 2-9　Docker 容器系统结构

Docker 容器是一个或多个运行进程，而这些运行进程将占有相应的内存、CPU 计算资源、虚拟网络设备及文件系统资源。Docker 容器所占用的文件系统资源，则通过 Docker 镜像的镜像层文件提供。基于每个镜像的 JSON 文件，可以通过解析 Docker 镜像的 JSON 的文件获知应该在这个镜像之上运行什么样的进程，应该为进程配置什么样的环境变量，而 Docker 守护进程实现了从静态向动态的转变。

Docker 虚拟化引也是一个 C/S（Client/Server）结构的应用，如图 2-10 所示。

Docker 虚拟化完整体系，包括以下几个组件。

（1）Docker Server 是一个常驻进程。

（2）REST API 实现了 Client 和 Server 之间的交互协议。

（3）Docker CLI 实现容器和镜像的管理，为用户提供统一的操作界面。

（4）Images 为容器提供了统一的软件、文件底层存储。

（5）Container 是 Docker 虚拟化的产物，直接作为生产使用。

（6）Network 为 Docker 容器提供完整网络通信。

（7）Volume 为 Docker 容器提供额外磁盘、文件存储对象。

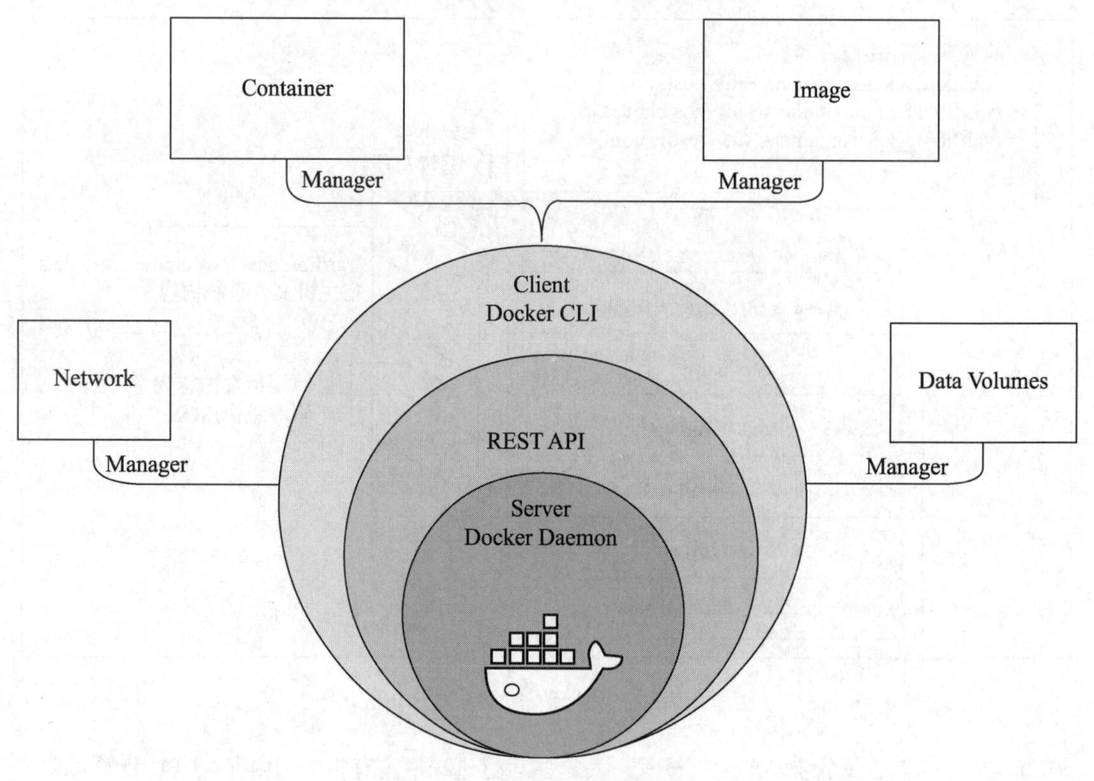

图 2-10　Docker C/S 引擎结构

Docker 使用 C/S 架构，Client 通过接口与 Server 进程通信实现容器的构建、运行和发布。Client 和 Server 可以运行在同一台集群，也可以通过跨主机实现远程通信，架构如图 2-11 所示。

由图 2-11 可以清晰地看出 Docker 虚拟化整个生态体系。

（1）基于 Docker Client 客户端–Rest API–操作 Docker Daemon。

（2）Docker Daemon 部署至 Docker 宿主机（通常为硬件物理机）。

（3）基于 Docker pull 可以从 Registry 仓库获取各种镜像至 Docker Host（主机）。

（4）基于 Docker run 可以通过获取的镜像启动 Docker Container（容器）；

（5）基于 Docker build 可以构建满足企业需求的各种 Docker Image（镜像）。

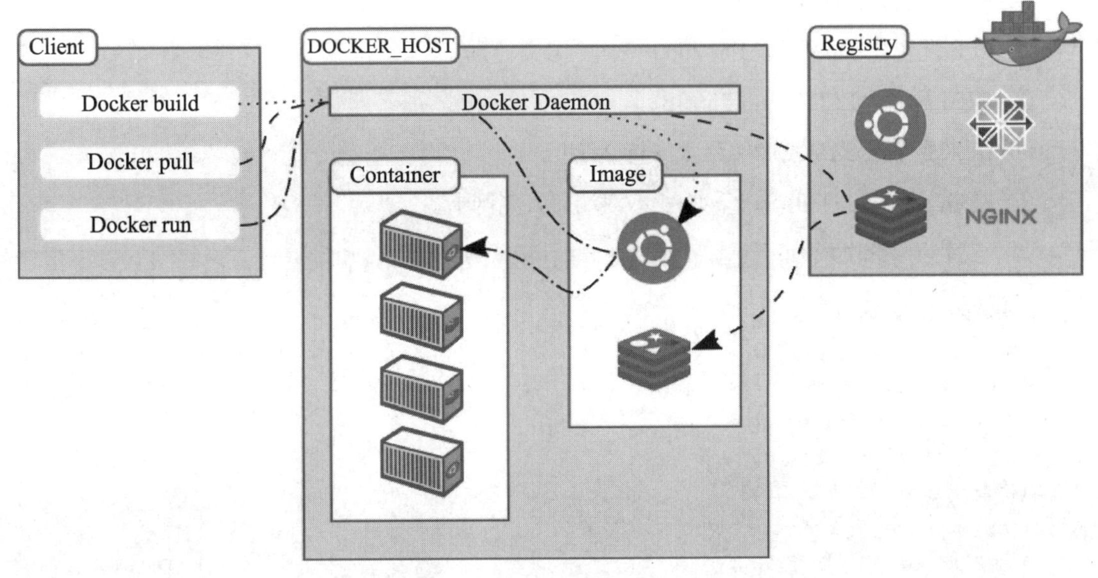

图 2-11　Docker 虚拟化拓扑

2.9　CentOS 7.x（7.0+）Linux Docker 平台实战

掌握了 Docker 虚拟化概念和原理之后，最重要的就是要在生产环节中落地 Docker。Docker 虚拟化平台最早期只支持 Linux 操作系统，现在最新版 Windows 操作系统也支持 Docker 虚拟化。

本章节将选择不同的发行版本构建 Docker 虚拟化平台。Linux 操作系统主流发行版本包括 Red Hat Linux、CentOS、Ubuntu、SUSE Linux、Fedora Linux 等。以下简要介绍即将部署 Docker 虚拟化平台的两个系统：CentOS 和 Ubuntu。

Docker 官方要求 Linux 内核版本在 3.8+以上，生产环境中推荐使用 3.10+的 Linux 内核版本。Docker 从 1.13 版本起，采用时间线的方式作为版本号。Docker 版本现在基于 YY.MM，分为社区版（Community Edition）和企业版（Enterprise Edition）。社区版是免费提供给个人开发者和小型团体使用的，而企业版会提供额外的收费服务。

社区版按照 Stable 和 Edge 两种方式发布，每个季度更新 Stable 版本，如 17.06、17.09，每个月份更新 Edge 版本，如 17.09、17.10。

虚拟化和 Docker 虚拟化技术本质的用途：为了最大化地利用高配物理机的资源，提高硬件设备服务器的资源利用率，淘汰一些老、旧服务器，对老、旧服务器进行资源的重组、重用，满足企业快速发展，虚拟化落地实施硬件设备应尽量使用高配物理机资源，参考配置如下。

① 服务器品牌：Dell R730、R820。

② CPU 配置：Intel 至强 E5-2600 系列。

③ MEM 配置：ECC DDR3 256GB。

④ DISK 配置：SAS 12TB（最大支持 24TB）。

⑤ 网络配置：Intel 四端口千兆网卡/双端口万兆网卡。

（1）安装步骤和命令如下：

```
#安装国内阿里源
wget  -P /etc/yum.repos.d/ http://mirrors.aliyun.com/docker-ce/linux/
centos/docker-ce.re po
#安装 Docker-CE 版本
yum install docker-ce* -y
#检查 Docker 版本是否安装
rpm -qa|grep -E "docker"
#启动 Docker 引擎服务
service docker restart
systemctl restart docker.service
#查看 Docker 服务进程
ps -ef|grep docker
```

（2）安装完成，如图 2-12 所示。

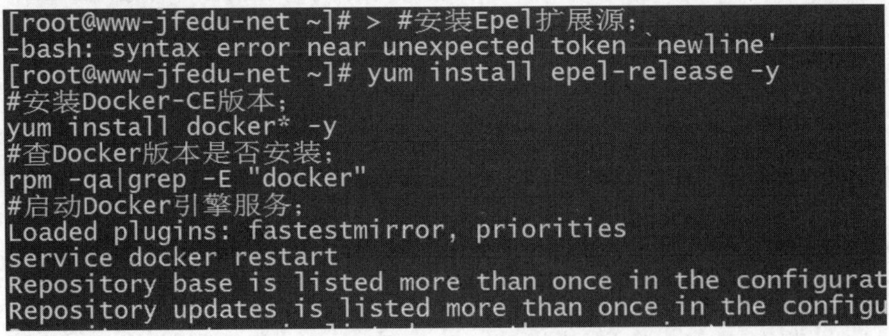

```
[root@www-jfedu-net ~]# > #安装Epel扩展源;
-bash: syntax error near unexpected token `newline'
[root@www-jfedu-net ~]# yum install epel-release -y
#安装Docker-CE版本;
yum install docker* -y
#查Docker版本是否安装;
rpm -qa|grep -E "docker"
#启动Docker引擎服务;
Loaded plugins: fastestmirror, priorities
service docker restart
Repository base is listed more than once in the configurat
Repository updates is listed more than once in the configu
```

图 2-12　Docker 安装图解

（3）查看启动进程，如图 2-13 所示。

（4）查看 Docker 基础信息，如图 2-14 所示。

（5）从 Docker 仓库下载 Nginx 镜像，如图 2-15 所示。

```
[root@www-jfedu-net ~]# #启动Docker引擎服务:
[root@www-jfedu-net ~]# service docker restart
Redirecting to /bin/systemctl restart docker.service
[root@www-jfedu-net ~]# systemctl restart docker.service
[root@www-jfedu-net ~]# #查看Docker服务进程:
[root@www-jfedu-net ~]# ps -ef|grep docker
root     25711     1  3 19:57 ?        00:00:00 /usr/bin/d
ibexec/docker/docker-runc-current --default-runtime=docker
userland-proxy-path=/usr/libexec/docker/docker-proxy-curre
current --seccomp-profile=/etc/docker/seccomp.json --selin
rification=false --storage-driver overlay2
root     25716 25711  0 19:57 ?        00:00:00 /usr/bin/d
ker/libcontainerd/docker-containerd.sock --metrics-interva
```

图 2-13 Docker 服务进程

```
[root@www-jfedu-net ~]# docker info|more
  WARNING: You're not using the default seccomp profile
Containers: 0
 Running: 0
 Paused: 0
 Stopped: 0
Images: 0
Server Version: 1.13.1
Storage Driver: overlay2
 Backing Filesystem: extfs
 Supports d_type: true
 Native Overlay Diff: true
```

图 2-14 Docker 基础信息

```
[root@www-jfedu-net ~]#
[root@www-jfedu-net ~]# docker pull docker.io/nginx
Using default tag: latest
Trying to pull repository docker.io/library/nginx ...
latest: Pulling from docker.io/library/nginx
a5a6f2f73cd8: Extracting 6.652 MB/22.49 MB
a5a6f2f73cd8: Pull complete
67da5fbcb7a0: Pull complete
e82455fa5628: Pull complete
Digest: sha256:31b8e90a349d1fce7621f5a5a08e4fc519b634f7
Status: Downloaded newer image for docker.io/nginx:late
[root@www-jfedu-net ~]#
[root@www-jfedu-net ~]#
```

图 2-15 Docker 下载 Nginx 镜像

2.10 CentOS 8.x（8.0+）Linux Docker 平台实战

（1）基于 CentOS 8.x Linux 操作系统，从零开始构建一套 Docker 虚拟化平台，使用二进制

Tar 包方式，部署的方法和步骤如下：

```
#从官网下载 Docker 软件包
ls -l docker-19.03.9.tgz
#通过 Tar 工具对其解压缩（-x 表示 extract 解压,-z gzip 表示压缩格式,-v verbose 表示
#详细显示,-f file 表示文件属性）
tar -xzvf docker-19.03.9.tgz
#创建 Docker 程序部署目录/usr/local/docker/
mkdir -p /usr/local/docker/
#将解压后的 Docker 程序移动至部署目录
\mv docker/* /usr/local/docker/
#查看 Docker 程序是否部署成功
ls -l /usr/local/docker/
#创建 Docker 用户和组,同时将 Docker 部署目录加入 PATH 环境变量
useradd -s /sbin/nologin docker -M
cat>>/etc/profile<<EOF
export PATH=\$PATH:/usr/local/docker/
EOF
#使其 PATH 环境变量生效
source /etc/profile
#启动 Docker 引擎服务
nohup /usr/local/docker/dockerd &
#查看 Docker 进程状态
ps -ef|grep -aiE docker
#查看 Docker 版本信息
/usr/local/docker/docker version
docker version
```

（2）根据以上 Docker 平台部署指令，Docker 平台部署成功，查看其版本信息，如图 2-16 所示。

```
[root@www-jfedu-net ~]# /usr/local/docker/docker version
Client: Docker Engine - Community
 Version:           19.03.8
 API version:       1.40
 Go version:        go1.12.17
 Git commit:        afacb8b7f0
 Built:             Wed Mar 11 01:22:56 2020
 OS/Arch:           linux/amd64
 Experimental:      false

Server: Docker Engine - Community
 Engine:
  Version:          19.03.8
```

图 2-16 Docker 版本查看

2.11　Ubuntu（16.04+）Linux Docker 平台实战

（1）安装步骤和命令如下：

```
#更新 apt 源
apt-get update
#apt 源使用 HTTPS 以确保软件下载过程中不被篡改。需要添加使用 HTTPS 传输的软件包以及
#CA 证书
apt-get install \
apt-transport-https \
ca-certificates \
curl \
software-properties-common
#默认 apt 访问国外源,网络非常慢,此处建议使用国内源,需要添加软件源的 GPG 密钥
curl -fsSL https://mirrors.ustc.edu.cn/docker-ce/linux/ubuntu/gpg | sudo
apt-key add -
#curl -fsSL https://download.docker.com/linux/ubuntu/gpg | sudo apt-key
#add -
#向 source.list 中添加 Docker 软件源
add-apt-repository \
"deb [arch=amd64] https://mirrors.ustc.edu.cn/docker-ce/linux/ubuntu
$(lsb_release -cs) stable"
#官方源
#add-apt-repository "deb [arch=amd64] https://download.docker.com/linux/
#ubuntu $(lsb_release -cs) stable"
```

（2）Docker 安装操作方法和步骤如下：

```
#更新 apt 软件包缓存
apt-get update
#基于 apt-get 安装 docker-ce 社区版本
apt-get install docker-ce
#查 Docker 版本是否安装
dpkg -s docker-ce
#启动 Docker 引擎服务
service docker restart
#查看 Docker 服务进程
ps -ef|grep docker
```

（3）安装完成，如图 2-17 所示。

```
Processing triggers for man-db (2.7.5-1) ...
Processing triggers for ureadahead (0.100.0-19) ...
Processing triggers for systemd (229-4ubuntu13) ...
Setting up pigz (2.3.1-2) ...
Setting up aufs-tools (1:3.2+20130722-1.1ubuntu1) ...
Setting up cgroupfs-mount (1.2) ...
Setting up containerd.io (1.2.0-1) ...
Setting up docker-ce-cli (5:18.09.0~3-0~ubuntu-xenial) .
Setting up docker-ce (5:18.09.0~3-0~ubuntu-xenial) ...
update-alternatives: using /usr/bin/dockerd-ce to provid
Processing triggers for libc-bin (2.23-0ubuntu5) ...
Processing triggers for systemd (229-4ubuntu13) ...
Processing triggers for ureadahead (0.100.0-19) ...
```

图 2-17　Ubuntu 安装 Docker

（4）查看启动进程和 Docker 基础信息，如图 2-18 所示。

```
root@www-jfedu-net:~# ps -ef|grep docker
root      25420      1  2 22:27 ?        00:00:00 /usr/bin/doc
root      25539  20763  0 22:28 pts/0    00:00:00 grep --color
root@www-jfedu-net:~#
root@www-jfedu-net:~# docker info|more
Containers: 0
 Running: 0
 Paused: 0
 Stopped: 0
Images: 0
Server Version: 18.09.0
Storage Driver: overlay2
 Backing Filesystem: extfs
```

图 2-18　Ubuntu 查看 Docker 信息

（5）从 Docker 仓库下载 Nginx 镜像，如图 2-19 所示。

```
root@www-jfedu-net:~#
root@www-jfedu-net:~# docker pull docker.io/nginx
Using default tag: latest
latest: Pulling from library/nginx
a5a6f2f73cd8: Pull complete
67da5fbcb7a0: Pull complete
e82455fa5628: Pull complete
Digest: sha256:31b8e90a349d1fce7621f5a5a08e4fc519b634f
Status: Downloaded newer image for nginx:latest
root@www-jfedu-net:~# docker images
REPOSITORY          TAG                 IMAGE ID
nginx               latest              e81eb098537d
root@www-jfedu-net:~#
```

图 2-19　Docker 下载 Nginx 镜像

2.12　Docker 仓库源更新实战

Docker 默认连接的国外官方镜像，根据网络情况不同，通常访问时快时慢，大多时候获取速度非常慢，为了提升效率可以自建仓库或先修改为国内仓库源，提升拉取镜像的速度。

Docker 可以配置的国内镜像有很多，例如 Docker 中国区官方镜像、阿里云、网易蜂巢、DaoCloud 等，这些都是国内比较快的镜像仓库。

从国外官网下载 Docker Tomcat 镜像，访问速度慢，如图 2-20 所示。

```
[root@www-jfedu-net ~]# docker pull tomcat
Using default tag: latest
Trying to pull repository docker.io/library/tomcat ...
latest: Pulling from docker.io/library/tomcat
cc1a78bfd46b: Downloading 457.9 kB/45.32 MB
6861473222a6: Pulling fs layer
7e0b9c3b5ae0: Downloading 1.747 MB/4.336 MB
ae14ee39877a: Waiting
8085c1b536f0: Waiting
6e1431e84c0c: Waiting
ca0e3df5a1fd: Waiting
d2cb611ced6c: Waiting
268dc3e43e66: Waiting
79a7e8d254c7: Waiting
5c848af92738: Waiting
789b92e37607: Waiting
```

图 2-20　Docker 下载 Tomcat 镜像

Docker 镜像修改方法为，在命令行输入 vim /etc/docker/daemon.json，执行如下命令：

```
cat>/etc/docker/daemon.json<<EOF
{
"registry-mirrors":["https://registry.docker-cn.com"]
}
EOF
service docker restart
```

重启 Docker 服务即可。修改仓库地址为国内仓库后，获取镜像速度非常快，如图 2-21 所示。

```
[root@www-jfedu-net ~]#
[root@www-jfedu-net ~]# service docker restart
Redirecting to /bin/systemctl restart docker.service

[root@www-jfedu-net ~]#
[root@www-jfedu-net ~]# systemctl restart docker.service
[root@www-jfedu-net ~]#
[root@www-jfedu-net ~]# docker pull tomcat
Using default tag: latest
Trying to pull repository docker.io/library/tomcat ...
latest: Pulling from docker.io/library/tomcat
cc1a78bfd46b: Downloading  37.2 MB/45.32 MB
6861473222a6: Downloading 7.439 MB/10.77 MB
7e0b9c3b5ae0: Download complete
ae14ee39877a: Download complete
8085c1b536f0: Download complete
6e1431e84c0c: Download complete
ca0e3df5a1fd: Downloading  10.5 MB/122.1 MB
d2cb611ced6c: Waiting
```

图 2-21　Docker 下载 Tomcat 镜像

第3章 Docker企业命令实战

Docker 虚拟化平台部署完成后，默认没有图形界面管理，运维人员、测试人员、开发人员需要通过 Docker-Client 命令行操作。以下为 Docker 平台下 30+操作指令。熟悉指令的操作能够帮助我们对 Docker 进行高效的管理和维护。

3.1 Docker search 命令实战

Docker search 命令，通常用于从外部仓库或内部仓库中搜索镜像，其后接镜像的名称。命令案例如下：

```
#从 Docker 仓库中搜索 Nginx 镜像
docker search nginx
#从 Docker 仓库中搜索 Tomcat 镜像
docker search tomcat
```

3.2 Docker pull 命令实战

Docker pull 命令，通常用于从外部仓库或内部仓库中下载镜像，根据自身的需求下载，其后接镜像的名称。命令案例如下：

```
#从 Docker 仓库下载 Nginx 镜像
docker pull docker.io/nginx
#从 Docker 仓库下载 Tomcat 镜像
docker pull docker.io/tomcat
```

3.3 Docker images 命令实战

Docker images 命令，通常用于查看 Docker 宿主机本地镜像列表。命令案例如下：

```
#查看已下载的本地 Docker 镜像列表
Docker images
#可以查看具体镜像
Docker images nginx
```

3.4 Docker run 命令实战

Docker run 命令，通常用于创建，并启动新容器。命令案例如下：

```
#基于 Docker run 启动 Nginx 镜像
Docker run -itd docker.io/nginx /bin/bash
-i 表示 interactive 交互
-t 表示 tty 终端
d 表示 daemon 后台启动
#基于 Docker run 启动 Nginx 镜像,映射本地 80 端口至容器 80 端口
Docker run -p 80:80 -itd docker.io/nginx /bin/bash
#-p 端口映射,第一个 80 宿主机监听端口,第二个 80 端口为容器监听
```

3.5 Docker ps 命令实战

Docker ps 命令，通常用于查看已创建容器的运行状态，可以支持查看所有创建的容器。命令案例如下：

```
#查看当前正在运行的容器
docker ps
#查看当前 Linux 系统所有容器,包括运行中的和已经停止的容器
docker ps -a
```

3.6 Docker inspect 命令实战

Docker inspect 命令，通常用于查看已创建容器的详细信息，包括容器的 ID、创建时间、资源配置、网络信息等。命令案例如下：

```
#查看容器详细信息
docker inspect 55e339c80051
#查看容器详细信息,并从信息中过滤 IP 地址
docker inspect 55e339c80051|grep -i ipaddr
```

3.7　Docker exec 命令实战

Docker exec 命令，通常用于进入已创建的容器系统，也可以在 Docker 宿主机远程执行容器内部命令。命令案例如下：

```
#在 Docker 中容器运行指令 df -h
docker exec 55e339c80051 df -h
#在 Docker 中容器/tmp 目录下创建 jfedu.txt 文件
docker exec 55e339c80051 touch /tmp/test.txt
#进入 Docker 容器/bin/bash 终端,然后执行 df -h 命令
docker exec -it 55e339c80051 /bin/bash
df -h
```

3.8　Docker stop|start 命令实战

Docker stop|start 命令，通常用于停止、启动容器。命令案例如下：

```
#停止正在运行中的容器
docker stop 55e339c80051
#启动已经停止的容器
docker start 55e339c80051
```

3.9　Docker rm 命令实战

Docker rm 命令，通常用于删除已创建的容器，可以删除已经停用的容器，也可以删除正在运行的容器。命令案例如下：

```
#删除某个已经停止的 Docker 容器
docker rm dc455c12ca7d
#强制删除某个运行中的 Docker 容器
docker rm -f 55e339c80051
```

3.10 Docker rmi 命令实战

Docker rmi 命令，通常用于删除已下载的镜像，但是不能删除已创建的容器所需的镜像，除非先删除容器，然后再删除镜像。命令案例如下：

```
#从 Docker images 列表中删除某个镜像
docker rmi 78b258e36eed
#从 Docker images 列表中删除多个镜像
docker rmi e81eb098537d 415381a6cb81
```

3.11 Docker 虚拟化 30 多个命令实战剖析

熟悉命令的操作能够帮助我们对 Docker 进行高效的管理和维护。Docker 平台下 30 多个命令详解如表 3-1 所示。

表 3-1 Docker命令详解

命　　令	详　　解
search	在docker hub中搜索镜像
pull	拉取指定镜像或者库镜像
push	推送指定镜像或者库镜像至Docker源服务器
history	展示一个镜像形成历史
images	列出系统当前镜像
run	创建一个新的容器并运行一个命令
start	启动容器
stop	停止容器
attach	当前Shell下attach连接指定运行镜像
build	通过Dockerfile定制镜像
commit	提交当前容器为新的镜像
cp	从容器中复制指定文件或者目录到宿主机中
create	创建一个新的容器，同run，但不启动容器
diff	查看Docker容器变化
events	从Docker服务获取容器实时事件
exec	在已存在的容器上运行命令

续表

命　　令	详　　解
export	导出容器的内容一个压缩归档文件（对应import）
import	从压缩文件中的内容创建一个新的文件系统映像（对应export）
info	显示系统相关信息
inspect	查看容器详细信息
kill	指定Docker容器
load	从一个压缩文件中加载一个镜像（对应save）
login	注册或登录一个Docker源服务器
logout	退出登录
logs	输出当前容器日志信息
port	查看映射端口对应的容器内部源端口
pause	暂停容器
ps	列出容器列表
restart	重启运行的容器
rm	移除一个或多个容器
rmi	移除一个或多个镜像
save	保存一个镜像为一个压缩文件（对应load）
tag	给源中镜像打标签
top	查看容器中运行的进程信息
unpause	取消暂停容器
version	查看Docker版本号
wait	截取容器停止时的退出状态值

第 4 章 Docker 网络原理实战

Docker 虚拟化技术底层基于 LXC+Cgroups+AUFS（Overlay）技术实现，而 Cgroups 是 Linux 内核提供的一种可以限制、记录、隔离进程组（Process Groups）所使用的物理资源的机制。

Docker 虚拟化的产物是 Docker 容器，基于 Docker Engine 启动容器时，默认会给容器指定和分配各种子系统，如 CPU 子系统、Memory 子系统、I/O 子系统、NET 子系统等。

启动一个容器，会为 Network Namespace（子系统）提供一份独立的网络环境，包括网卡、路由、Iptables 规则等，容器与其他容器的 Network Namespace 是相互隔离的。

通过 Docker run 命令创建 Docker 容器时，可以使用--net 选项指定 Docker 容器的网络模式，Docker 默认有 4 种网络模式。

（1）Host 模式，使用--net=host 指定。

（2）Container 模式，使用--net=container：NAME_or_ID 指定。

（3）None 模式，使用--net=none 指定。

（4）Bridge 模式，使用--net=bridge 指定，默认设置。

4.1 Host 模式剖析

通常来讲，启动新的 Docker 容器，都会分配独立的 Network Namespace 隔离子系统；如果在运行时指定为 Host 模式，那么 Docker 容器将不会获得一个独立的 Network Namespace，而是和宿主机共用一个 Network Namespace 子系统。

新创建的 Docker 容器不会创建自己的网卡，不会再虚拟出自己的 IP、网关、路由等信息，而是和宿主机共享 IP 和端口等信息，其他软件、目录还是相互独立的。两个容器除了网络方面相同之外，其他如文件系统、进程列表等还是相互隔离的。

4.2 Container 模式剖析

Container 模式是指定新创建的 Docker 容器和已存在的某个 Docker 容器共享一个 Network Namespace 子系统，而不是和宿主机共享。

新创建的 Docker 容器不会创建自己的网卡，不会再虚拟出自己的网卡、IP、网关、路由等信息，而是和指定的 Docker 容器共享 IP 和端口等信息，其他软件、目录还是相互独立的。两个容器除了网络方面相同之外，其他如文件系统、进程列表等还是相互隔离的。如果依附的 Docker 容器关闭，新的 Docker 容器网络也会丢失。

4.3 None 模式剖析

None 模式与其他模式都不同。如果 Docker 容器使用 None 模式，Docker 容器会拥有自己的 Network Namespace 子系统，但是 Docker 引擎并不会为新启动的 Docker 容器配置任何的网络信息。

即新创建的 Docker 容器不会虚拟出自己的网卡、IP、网关、路由等信息，而是需要手动为 Docker 容器添加这些信息。在企业实战环境中，通常会使用 Pipework 工具为 Docker 容器指定 IP 等信息。

4.4 Bridge 模式剖析

Docker 容器的 Bridge 模式也是 Docker 默认的网络模式。该模式会为每个容器分配 Network Namespace 子系统，会自动给每个容器虚拟出自己的网卡、IP、网关、路由等信息，无须手动添加。

默认创建的 Docker 容器会统一通过一对 veth 虚拟网卡连接到一个虚拟网桥交换机 Docker0 上，所有的容器的网络加入一个二层交换机网络，即同一宿主机的所有容器都是可以相互联通和访问的。

4.5 Bridge 模式原理剖析

默认 Docker 引擎启动会在本地生成一个 Docker0 虚拟网卡。Docker0 是一个标准 Linux 虚拟网桥设备。在 Docker 默认的桥接网络工作模式中，Docker0 网桥起至关重要的作用。物理网桥是标准的二层网络设备，标准物理网桥只有两个网口，可以将两个物理网络连接在一起。

但与物理层设备集线器等相比，网桥具备隔离冲突域的功能。网桥通过 MAC 地址学习和泛洪的方式实现二层相对高效的通信。随着技术的发展，标准网桥设备已经基本被淘汰了，替代网桥的是二层交换机。二层交换机也可以看成一个多口网桥。

Docker 容器采用 Bridge 模式结构，如图 4-1 所示。

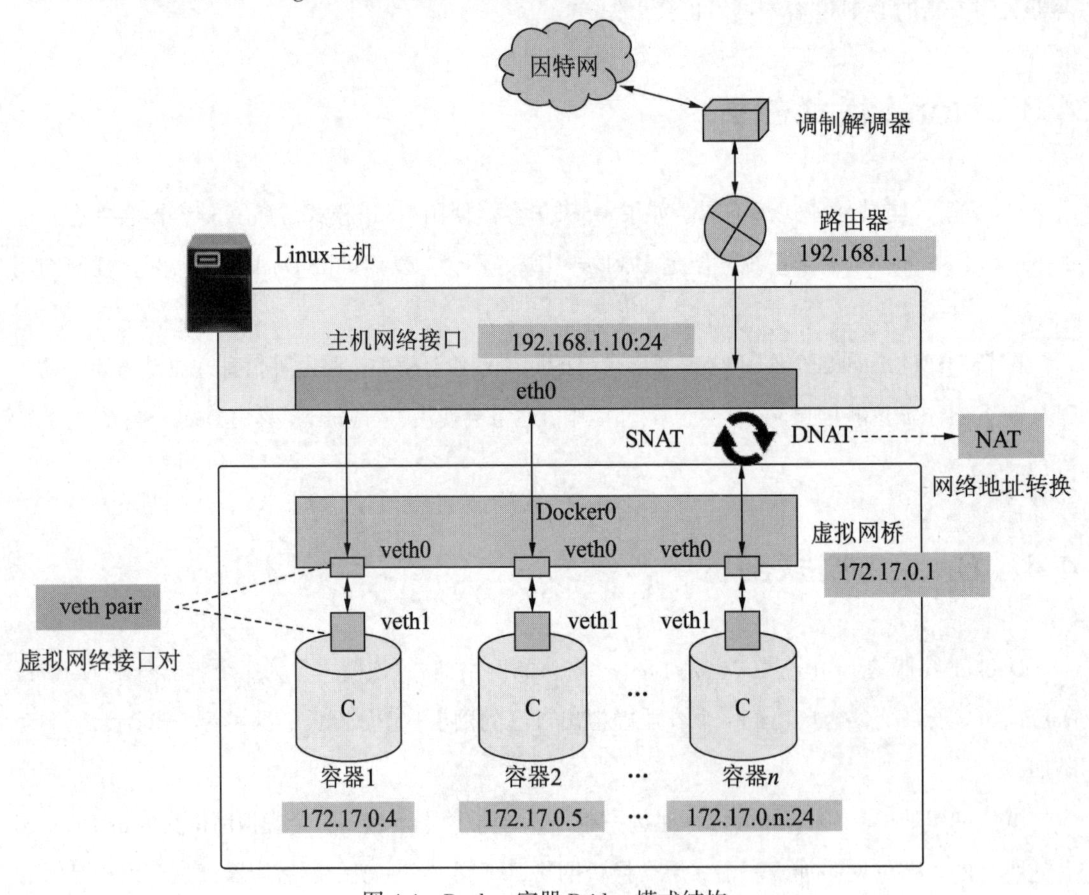

图 4-1　Docker 容器 Bridge 模式结构

Docker Bridge 模式创建过程如下。

（1）启动 Docker 容器，指定模式为桥接模式时（默认模式），Docker 引擎会创建一对虚拟网卡 veth 设备，veth 设备总是成对出现，组成一个数据的通道，数据从一个设备进入，就会从另一个设备出来。veth 设备常用来连接两个网络设备，可以把 veth 接口对认为是虚拟网线的两端。

（2）veth 设备的另外一端放在新创建的容器中，命名为 eth0；然后将另外一块设备放在宿主机中，以类似 vethxxx 的名称命名，并将这个网络设备加入 Docker0 网桥。

（3）Docker 引擎会从 Docker0 子网中动态分配一个新的 IP 给容器使用，并设置 Docker0 的 IP 地址为容器的默认网关。

（4）新创建的容器与宿主机能够通信，宿主机也可以访问容器中的 IP 地址。在 Bridge 模式下，连在同一网桥（交换机）上的容器之间可以相互通信，同时容器也可以访问外网（基于 iptables SNAT）。但是其他物理机不能访问 Docker 容器 IP，需要通过 NAT 将容器 IP 的 port 映射为宿主机的 IP 和 port。

4.6　Bridge 模式实战一

基于 Docker 引擎启动 Nginx Web 容器，默认以 Bridge 方式启动 Docker 容器，会动态地给 Docker 容器分配 IP、网关等信息，操作指令如下：

```
#查看镜像列表
docker images
#运行新的 Nginx 容器
docker run -itd docker.io/nginx:latest
#查看启动的 Nginx 容器
docker ps

#查看 Nginx 容器的 IP 地址
docker inspect 510ea29c39f6|grep -i ipaddr
#访问 Nginx 容器 80 端口服务
curl -I http://172.17.0.2/
```

4.7　Bridge 模式实战二

基于 Docker 引擎启动 Nginx Web 容器，默认以 Bridge 方式启动 Docker 容器，此处使用

pipework 工具手动给容器指定桥接网卡，并手动配置 IP 地址。操作指令如下：

```
#查看镜像列表
docker images
#运行新的 Nginx 容器
docker run -itd --net=none docker.io/nginx:latest
#查看启动的 Nginx 容器
docker ps
#查看 Nginx 容器的 IP 地址（没有 IP 地址）
docker inspect 265a3745752e|grep -i ipaddr
#安装 pipework IP 配置脚本工具,方法如下
#安装 pipework
git clone https://github.com/jpetazzo/pipework
cp ~/pipework/pipework /usr/local/bin/
#查看 pipework 工具是否配置正确
pipework -h
#pipework 工具手动指定容器的 IP,并设置容器为桥接方式上网,命令如下（docker0 为网桥
#名称,172.17.0.18/16 为容器 IP 和掩码,172.17.0.1 为容器网关）
pipework docker0 265a3745752e 172.17.0.18/16@172.17.0.1
ping 172.17.0.18 -c 2
curl -I http://172.17.0.18/
```

4.8 Bridge 模式实战三

基于 Docker 引擎启动 Nginx Web 容器，默认以 Bridge 方式启动 Docker 容器；Docker0 的网桥 IP 为 172.17.0.0/16 网段，可以通过指令修改 Docker 网桥的 IP 网段。例如，将网桥 IP 段修改为 10.10.0.1/16 段，操作指令如下：

```
#删除原有网络信息
service docker stop
ip link set dev docker0 down
brctl delbr docker0
iptables -t nat -F POSTROUTING

#添加新的 Docker0 网络信息


brctl addbr docker0
ip addr add 10.10.0.1/16 dev docker0
ip link set dev docker0 up
```

```
#配置 Docker 的文件

cat>/etc/docker/daemon.json<<EOF
{"registry-mirrors": ["http://docker-cn.docker.com"],
"bip": "10.10.0.1/16"
}
EOF
#启动新的 Docker 容器,查看容器桥接网络 IP 地址
docker run -itd docker.io/nginx:latest
docker inspect 72fec5ccdf73|grep -i ipaddr
```

4.9　Bridge 模式实战四

基于 Docker 引擎启动 Nginx Web 容器，默认以 Bridge 方式启动 Docker 容器；Docker0 的网桥 IP 为 172.17.0.0/16 网段，默认局域网的其他物理机是不能直接访问 Docker 容器的。

为了实现 Docker 容器与局域网通信，并实现局域网其他的物理机也可以访问容器的 IP（不配置 NAT 映射），可以自定义桥接网络 br0，将 br0 与物理网卡 eth0 或 ens33 桥接。操作方法如下：

```
#添加 ens33 网卡指定 bridge 桥接网卡名称 br0
cd /etc/sysconfig/network-scripts/
#配置 ifcfg-ens33 网卡

cat>ifcfg-ens33<<EOF
TYPE="Ethernet"
DEVICE="ens33"
ONBOOT="yes"
BRIDGE="br0"
IPADDR=10.0.0.122
NETMASK=255.255.255.0
GATEWAY=192.168.0.1

EOF

#配置 ifcfg-br0 网卡
```

```
cat>ifcfg-br0<<EOF
DEVICE="br0"
BOOTPROTO=static
ONBOOT=yes
TYPE="Bridge"
IPADDR=10.0.0.122
NETMASK=255.255.255.0
GATEWAY=192.168.0.1
EOF
#重启 network 网络服务
service network restart
#修改 Docker 引擎，使用 br0 网桥
cat /etc/sysconfig/docker-network
DOCKER_NETWORK_OPTIONS="-b=br0"
#安装&部署 pipework 工具
yum install -y git
git clone https://github.com/jpetazzo/pipework
cp ~/pipework/pipework /usr/local/bin/

#启动 Docker 容器，设置为 none 模式，然后使用 br0 网桥，指令如下
#(br0 为网桥名称，192.168.0.11/24 为容器 IP 和掩码，10.0.0.122 为容器网关)

docker run -itd --net=none --name=nginx-v1 docker.io/nginx
pipework br0 nginx-v1 192.168.0.11/24@10.0.0.122
```

4.10 Docker 持久化固定容器 IP

基于 Docker 引擎创建 Docker 容器，在默认条件下创建容器是 Bridge 模式。启动容器 IP 地址是 DHCP 随机分配且为递增的，容器之间可以互相通信，网段也是固定的。

Docker 容器一旦关闭再次启动，就会导致容器的 IP 地址再次随机分配，而部分容器在部署的时候是不需要互相通信的，所以应使用固态 IP，保证想要通信的容器在同一网段，且容器重启之后 IP 地址也不会随之改变。

根据 4.9 节的 Pipework 脚本可以给 Docker 容器配置固定 IP 地址，但是重启也会丢失 IP 地址，有没有方法实现重启容器 IP 也不丢失呢？持久化固定 IP 地址操作方法如下。

（1）安装桥接工具和 Docker-py 程序，操作指令如下：

```
#安装 Docker-py 程序
#pip install docker-py
yum install python-docker*
#安装桥接扩展包
yum install bridge-utils -y
```

（2）从 Github 仓库下载 Docker-static-ip 固定 IP 的脚本，操作指令如下：

```
#下载 docker-static-ip 脚本
git clone https://github.com/lioncui/docker-static-ip
#部署 docker-static-ip 程序
mv docker-static-ip /usr/local/
#启动 Docker 引擎服务
systemctl start docker.service
#后台启动 duration 脚本
cd /usr/local/docker-static-ip/
python duration.py
#查看 Python 脚本进程
ps -ef|grep -aiE duraion
```

（3）新增配置 br0 桥接网络。

vi　ifcfg-ens33 内容修改如下：

```
cat>/etc/sysconfig/network-scripts/ifcfg-ens33 <<EOF
DEVICE=ens33
BOOTPROTO=static
ONBOOT=yes
TYPE=Ethernet
BRIDGE="br0"
IPADDR=192.168.1.151
NETMASK=255.255.255.0
GATEWAY=192.168.1.1
EOF
```

vi　ifcfg-br0 内容如下：

```
cat>/etc/sysconfig/network-scripts/ifcfg-br0 <<EOF
DEVICE="br0"
BOOTPROTO=static
ONBOOT=yes
TYPE="Bridge"
IPADDR=192.168.1.151
NETMASK=255.255.255.0
GATEWAY=192.168.1.1
EOF
```

启动 Docker 服务，命令操作如下：

```
service docker restart
```

（4）基于本地 CentOS 7 镜像启动 CentOS 云主机，网络模式选择--net=none 即可，操作指令如下：

```
docker run -itd --net=none --privileged --name=jfedu-vm01 centos7-ssh:v1
```

（5）在/usr/local/docker-static-ip/目录下，将需要给 CentOS 容器配置的静态 IP 写入 containers.cfg 文件即可，内容如下：

```
jfedu-vm01,br0,192.168.1.101/24,192.168.1.2
```

（6）查看 Docker 容器的 IP 地址，此时就是 192.168.1.101，命令如下：

```
docker exec jfedu-vm01 ifconfig
```

（7）重启 Docker 容器，再次查看容器的 IP 地址，还是 192.168.1.101，IP 固定成功。

```
docker restart jfedu-vm01
docker exec jfedu-vm01 ifconfig
```

（8）通过 CRT 或者 Xshell 远程登录创建的 CentOS 云主机，命令如图 4-2 所示。

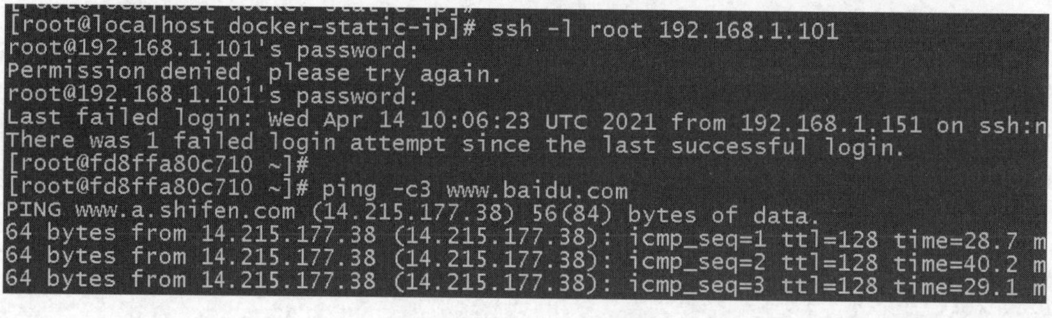

```
[root@localhost docker-static-ip]# ssh -l root 192.168.1.101
root@192.168.1.101's password:
Permission denied, please try again.
root@192.168.1.101's password:
Last failed login: Wed Apr 14 10:06:23 UTC 2021 from 192.168.1.151 on ssh:n
There was 1 failed login attempt since the last successful login.
[root@fd8ffa80c710 ~]#
[root@fd8ffa80c710 ~]# ping -c3 www.baidu.com
PING www.a.shifen.com (14.215.177.38) 56(84) bytes of data.
64 bytes from 14.215.177.38 (14.215.177.38): icmp_seq=1 ttl=128 time=28.7 m
64 bytes from 14.215.177.38 (14.215.177.38): icmp_seq=2 ttl=128 time=40.2 m
64 bytes from 14.215.177.38 (14.215.177.38): icmp_seq=3 ttl=128 time=29.1 m
```

图 4-2 Docker 固定 IP 测试

4.11 EFK 应用背景剖析

运维工程师每天需要对服务器进行故障排错，通过日志可以快速地定位问题。

日志主要包括系统日志、应用程序日志和安全日志。系统运维人员和开发人员可以通过日志了解服务器的软硬件信息、检查配置过程中的错误及错误发生的原因。经常分析日志可以了解服务器的负荷、性能及安全性，从而及时采取措施纠正错误。日志被分散地存储于不同的设备上（每台服务器创建开发普通用户权限，只运行查看日志、查看进程，运维、开发通过命令tail、head、cat、more、find、awk、grep、sed 统计分析），如果管理数百台服务器，应用登录到每台机器的传统方法查阅日志，这样很烦琐、效率低下。当务之急是使用集中化的日志管理系统，例如开源的 syslog，收集汇总所有服务器上的日志。

集中化管理日志后，日志的统计和检索又成为一件比较麻烦的事情。一般使用 find、grep、awk 和 wc 等 Linux 命令实现检索和统计，但是对于更高的查询、排序和统计等要求以及庞大的机器数量，使用这样的方法难免有点力不从心。

开源实时日志分析 EFK 平台能够完美地解决上述问题。EFK 由 Elasticsearch、Filebeat 和 Kibana 三个开源工具组成。

（1）Elasticsearch 基于 Lucene 全文检索引擎架构，基于 Java 语言编写，对外开源、免费，它的特点有分布式、零配置、自动发现、索引自动分片、索引副本机制、restful 风格接口、多数据源、自动搜索负载等。

（2）Filebeat 是一个轻量级日志采集器。Filebeat 属于 Beats 家族的 6 个成员之一。早期的 ELK 架构中使用 Logstash 收集、解析日志并且过滤日志，但是 Logstash 对 CPU、内存、I/O 等资源消耗比较高，相比之下，Filebeat 所占系统的 CPU 和内存几乎可以忽略不计。

（3）Kibana 也是一个开源和免费的工具。它可以为 Logstash 和 Elasticsearch 提供日志分析友好的 Web 界面，可以帮助汇总、分析和搜索重要数据日志。

4.12　EFK 架构原理深入剖析

EFK 架构中也可以使用 Logstash，Logstash 从 Filebeat 获取日志文件。Filebeat 作为 Logstash 的输入对获取到的日志进行处理，然后将处理好的日志文件输出到 Elasticsearch 进行处理，如图 4-3 所示。

EFK 工作流程和原理如下。

（1）使用 Filebeat 获取 Linux 服务器上的日志。当 Filebeat 启动时，它将启动一个或多个 Prospectors（检测者），查找服务器上指定的日志文件，作为日志的源头等待输出到 Logstash。

（2）Logstash 从 Filebeat 获取日志文件。Filebeat 作为 Logstash 的输入将获取到的日志进行处理，Logstash 将处理好的日志文件输出到 Elasticsearch 进行处理。

（3）Elasticsearch 得到 Logstash 的数据之后进行相应的搜索存储操作。令写入的数据可以被检索和聚合等以便于搜索操作。最后，Kibana 通过 Elasticsearch 提供的 API 将日志信息可视化。

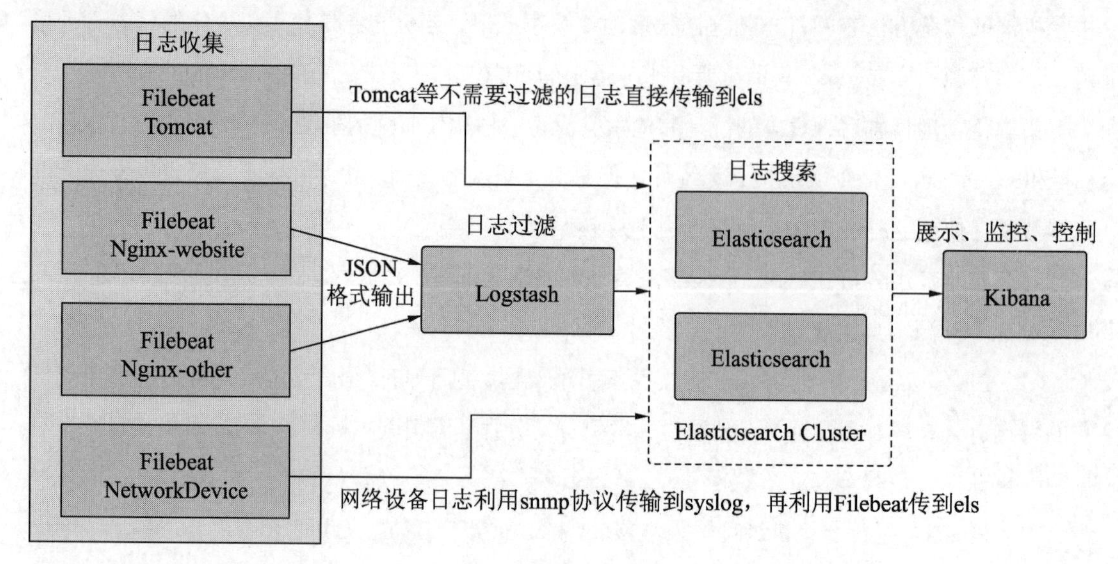

图 4-3　EFK 结构图

4.13　Docker 部署 EFK 日志平台

（1）提前部署 Docker 虚拟化平台，然后从 Docker 仓库分别获取 EFK 三个镜像包，操作指令如下：

```
docker pull elasticsearch:7.7.1
docker pull kibana:7.7.1
docker pull summerhai/filebeat7.7
```

（2）创建 Elasticsearch 容器，对外监听 9200、9300 端口，命令如下：

```
docker run -d -e ES_JAVA_POTS="-Xms512m -Xmx1024m" -e "discovery.type=
single-node" -p 9200:9200 -p 9300:9300 --name es elasticsearch:7.7.1
```

（3）创建 Kibana 容器，对外监听 5601 端口，命令如下：

```
docker run --link es:elasticsearch -p 5601:5601 -d --name kibana kibana:7.7.1
```

采用“--link”选项，作用是将两个容器关联到一起以互相通信，因为 Kibana 需要从 Elasticsearch 中获取数据。也可以通过“--network”创建自己的局域网连接各个容器。

进入 Kibana 容器，在 kibana.yml 文件末尾加入代码，支持中文，操作指令如下：

```
#进入 Kibana 容器
docker exec -it kibana /bin/bash
#切换至 config 目录
cd config/
#修改主配置文件 kibana.yml,末尾加入如下代码
i18n.locale: "zh-CN"
#重启 Kibana 容器即可
docker restart kibana
```

（4）创建 Filebeat 容器，并链接 ES 和 Kibana 服务，命令如下：

```
docker run -itd -v /data/filebeat.yml:/etc/filebeat/filebeat.yml -v /data/
logs/:/data/logs/ --link es:elasticsearch --link kibana:kibana  --name
filebeat  summerhai/filebeat7.7
```

（5）编写 Filebeat.yml 配置文件，配置文件代码如下：

```
#Filebeat inputs 2021 jfedu.net
filebeat.inputs:
- type: log
  enabled: true
  paths:
    - /var/log/*
  #配置多行日志合并规则,以时间为准,一个时间发生的日志为一个事件
  multiline.pattern: '^\d{4}-\d{2}-\d{2}'
  multiline.negate: true
  multiline.match: after
#设置 Kibana 的地址,开始 Filebeat 的可视化
setup.kibana.host: "http://kibana:5601"
setup.dashboards.enabled: true
#-------------------------- Elasticsearch output ---------
output.elasticsearch:
   hosts: ["http://elasticsearch:9200"]
   index: "filebeat-%{+yyyy.MM.dd}"
setup.template.name: "my-log"
setup.template.pattern: "my-log-*"
json.keys_under_root: false
json.overwrite_keys: true
#设置解析 JSON 格式日志的规则
processors:
- decode_json_fields:
    fields: [""]
    target: json
```

（6）访问 Kibana Web 界面，同时添加索引 Filebeat，如图 4-4 所示。

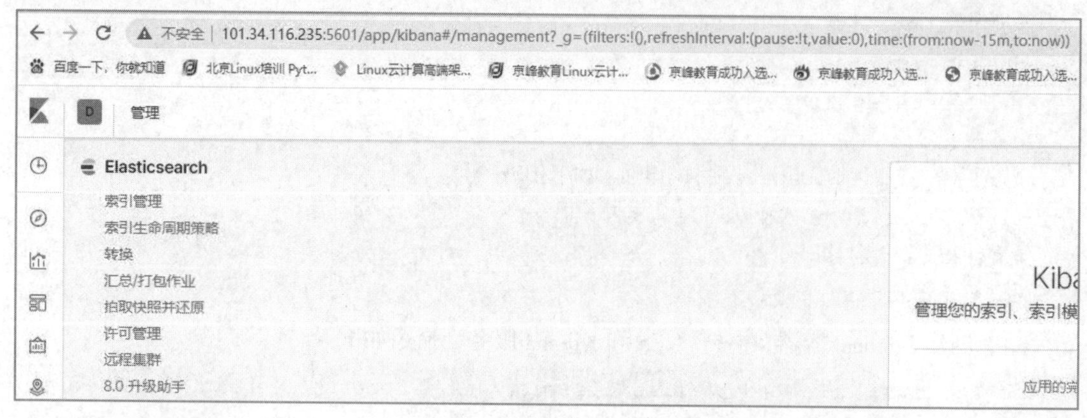

（a）

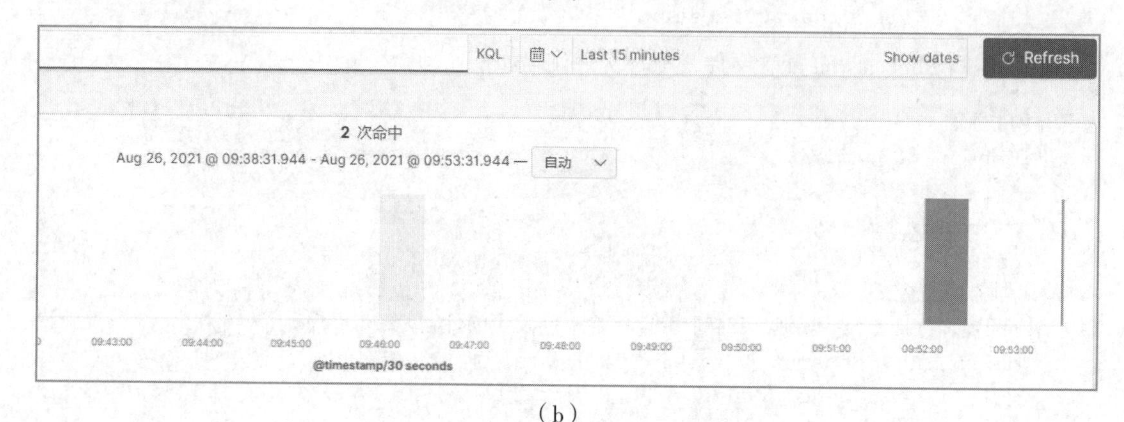

（b）

图 4-4　EFK 日志采集实战

4.14　基于 Docker Web 管理 Docker 容器

默认通过命令行创建及运行 Docker 容器，但 Docker 的 Remote API 可以通过充分利用 REST（代表性状态传输协议）的 API，运行相同的命令。

Docker UI 也是基于 API 方式管理宿主机的 Docker 引擎。Docker UI Web 前端程序让开发人员和管理人员可以通过 Web 浏览器的命令行管理许多任务。

主机上的所有容器都可以通过一条连接处理，该项目几乎没有任何依赖关系。该软件目前仍在大力开发之中，但是它采用麻省理工学院（MIT）许可证，所以可以免费地重复使用。

Docker UI 不包含任何内置的身份验证或安全机制，所以务必将任何公之于众的 Docker UI

连接放在用密码保护的系统中。

基于 Docker Web 管理 Docker 容器，步骤如下：

（1）下载 Docker UI 镜像，在宿主机拉取相关镜像即可，操作指令如下：

```
docker pull uifd/ui-for-docker
docker images
```

（2）启动 Docker UI 服务，并映射 9090 至容器 9090，操作指令如下：

```
docker run -it -d --name docker-web -p 9000:9000 -v /var/run/docker.sock:/
var/run/docker.sock docker.io/uifd/ui-for-docker
```

（3）通过 docker ps 命令查看 Docker UI 状态，如图 4-5 所示。

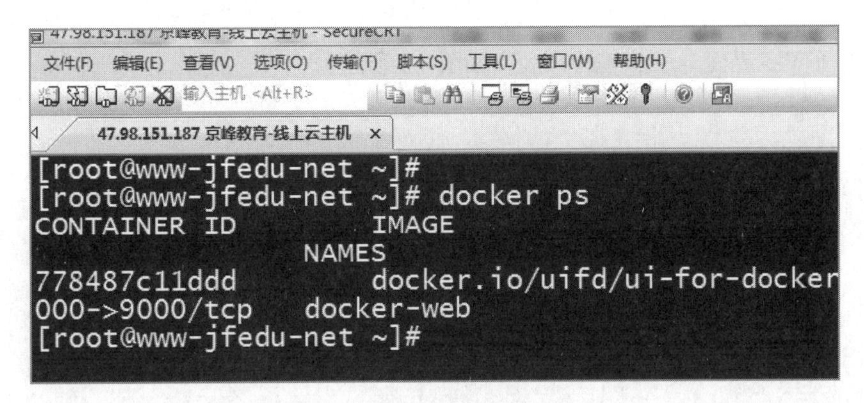

图 4-5　Docker Web 运行状态

（4）通过浏览器登录 Web 9000 端口访问，如图 4-6 所示。

（a）

图 4-6　Docker Web 运行界面

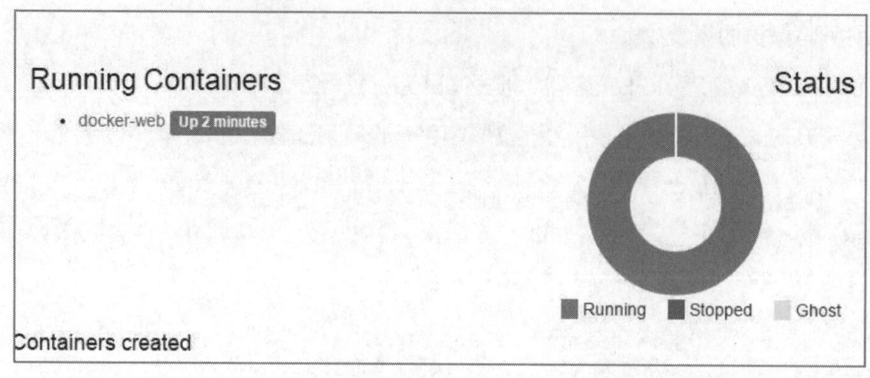

（b）

图 4-6 （续）

（5）选择 Web 界面 Images 镜像列表，如图 4-7 所示。

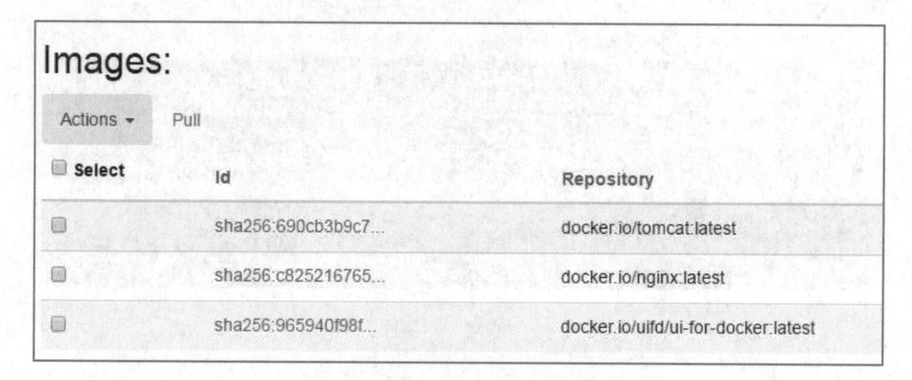

Select	Id	Repository
	sha256:690cb3b9c7...	docker.io/tomcat:latest
	sha256:c825216765...	docker.io/nginx:latest
	sha256:965940f98f...	docker.io/uifd/ui-for-docker:latest

图 4-7 Docker Web 镜像列表

（6）基于镜像启动 Docker 容器虚拟机，并实现端口映射，如图 4-8 所示。

（a）

图 4-8 Docker Web 启动容器

Containers:

Actions

Select	Name	Image
	vigilant_haibt	sha256:c82521676580c4850bb8f0d72e47390a50d60c8ffe44d623ce57be52
	docker-web	docker.io/uifd/ui-for-docker

（b）

图 4-8　（续）

（7）创建 Docker 容器之后，通过浏览器实现访问 81 端口，如图 4-9 所示。

图 4-9　Docker 容器浏览器访问

（8）Docker 容器资源 Web 监控，如图 4-10 所示。

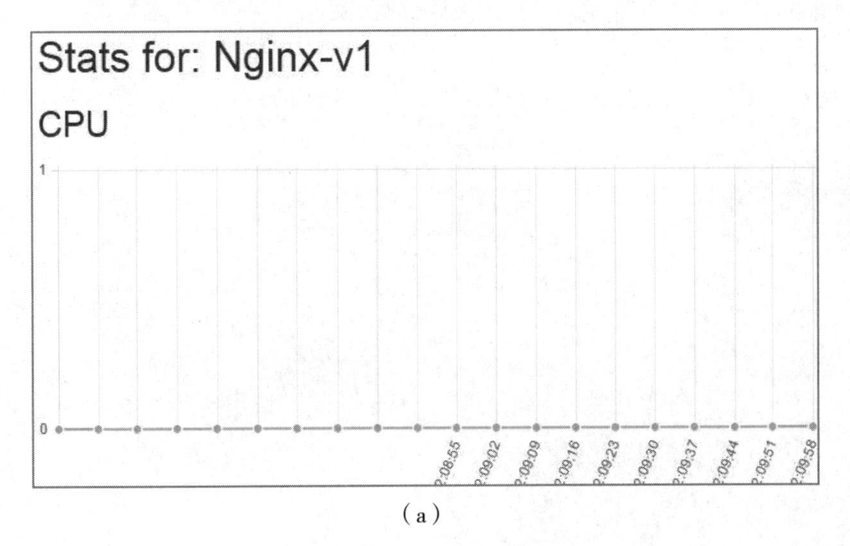

（a）

图 4-10　Docker 容器资源监控

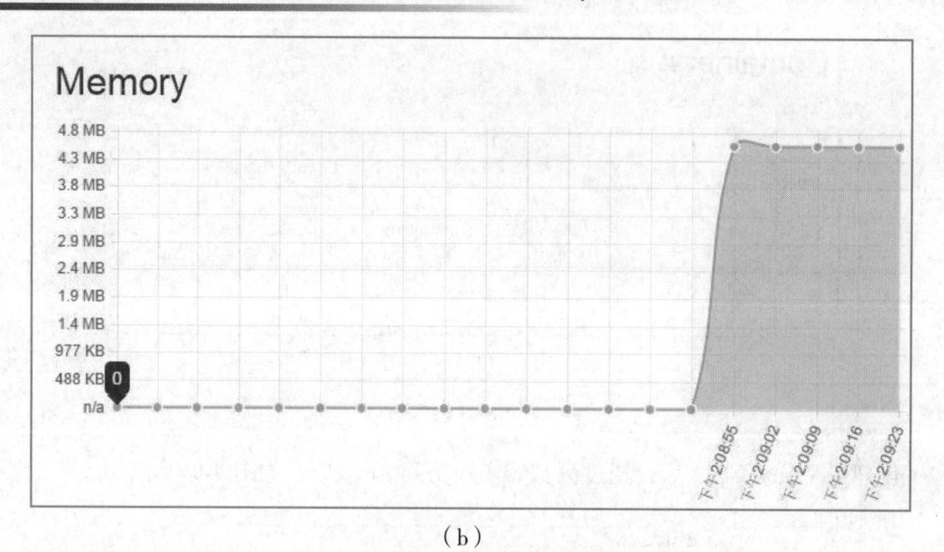
Memory
4.8 MB
4.3 MB
3.8 MB
3.3 MB
2.9 MB
2.4 MB
1.9 MB
1.4 MB
977 KB
488 KB
n/a
0
下午2:08:55
下午2:09:02
下午2:09:09
下午2:09:16
下午2:09:23

（b）

图 4-10 （续）

第 5 章 Dockerfile 企业镜像实战

由于 Docker 官网公共仓库镜像大多不完整，无法真正满足企业的生产环境系统，因此需要自行定制或重新打包镜像。

Docker 镜像制作是管理员的必备工作之一。Docker 镜像制作的方法主要有两种。

（1）Docker commit|export 将新容器提交至 images 列表。

（2）编写 Dockerfile，新建镜像至镜像列表。

5.1 Dockerfile 语法命令详解一

企业生产环境推荐使用 Dockerfile 制作镜像。Dockerfile 制作原理：将基于一个基础镜像，通过编写 Dockerfile 的方式将各个功能进行叠加，最终形成新的 Docker 镜像。这是目前互联网企业中首推的打包镜像方式。

Dockerfile 是一个镜像的表示，也是一个镜像的原材料，可以通过 Dockerfile 描述构建镜像，并自动构建一个容器。

以下为 Dockerfile 制作镜像必备的指令和参数详解。

FROM：指定所创建镜像的基础镜像。

MAINTAINER：指定维护者信息。

RUN：运行命令。

CMD：指定启动容器时默认执行的命令。

LABEL：指定生成镜像的元数据标签信息。

EXPOSE：声明镜像内服务所监听的端口。

ENV：指定环境变量。

ADD：赋值指定的<src>路径下的内容到容器中的<dest>路径下，<src>可以为 URL；如果为 tar 文件，会自动解压到<dest>路径下。

COPY：赋值本地主机的<scr>路径下的内容到容器中的<dest>路径下；一般情况下推荐使用 COPY 而不是 ADD。

ENTRYPOINT：指定镜像的默认入口。

VOLUME：创建数据挂载点。

USER：指定运行容器时的用户名或 UID。

WORKDIR：配置工作目录。

ARG：指定镜像内使用的参数（例如版本号信息等）。

ONBUILD：配置当前所创建的镜像作为其他镜像的基础镜像时，所执行的创建操作的命令。

STOPSIGNAL：容器退出的信号。

HEALTHCHECK：如何进行健康检查。

SHELL：指定使用 Shell 时的默认 Shell 类型。

5.2 Dockerfile 语法命令详解二

FROM：指定所创建的镜像的基础镜像，如果本地不存在，则默认会去 Docker Hub 下载指定镜像。

格式为 FROM<image>，或 FROM<image>:<tag>，或 FROM<image>@<digest>。任何 Dockerfile 中的第一条指令必须为 FROM 指令。并且，如果在同一个 Dockerfile 文件中创建多个镜像，可以使用多个 FROM 指令（每个镜像一次）。

MAINTAINER：指定维护者信息，格式为 MAINTAINER<name>，例如：

```
MAINTAINER image_creator@docker.com
```

该信息将会写入生成镜像的 Author 属性域中。

RUN：运行指定命令。

格式：RUN<command>或 RUN ["executable","param1","param2"]。

注意：后一个指令会被解析为 JSON 数组，所以必须使用双引号。

前者默认将在 Shell 终端中运行命令，即/bin/sh -c；后者则使用 exec 执行，不会启动 Shell 环境。

指定使用其他终端类型可以通过第二种方式实现，例如：

```
RUN ["/bin/bash","-c","echo hello"]
```

每条 RUN 指令将在当前镜像的基础上执行指定命令，并提交为新的镜像。当命令较长时可以使用 \ 换行。例如：

```
RUN apt-get update \
&& apt-get install -y libsnappy-dev zliblg-dev libbz2-dev \
&& rm -rf /var/cache/apt
```

CMD：用来指定启动容器时默认执行的命令。它支持三种格式。

- CMD ["executable","param1","param2"] 使用 exec 执行，是推荐使用的方式。
- CMD param1 param2 在/bin/sh 中执行，提供给需要交互的应用。
- CMD ["param1","param2"] 提供给 ENTRYPOINT 的默认参数。

每个 Dockerfile 只能有一条 CMD 命令。如果指定了多条命令，则只有最后一条会被执行。如果用户启动容器时指定了运行的命令（作为 RUN 的参数），则会覆盖 CMD 指定的命令。

LABEL：用来生成用于生成镜像的元数据的标签信息。

格式：LABEL <key>=<value> <key>=<value> <key>=<value> ...。

例如：

```
LABEL version="1.0"
LABEL description="This text illustrates \ that label-values can span
multiple lines."
```

EXPOSE：声明镜像内服务所监听的端口。

格式：EXPOSE <port> [<port>...]。

例如：

```
EXPOSE 22 80 443 3306
```

注意：该命令只起声明作用，并不会自动完成端口映射。在容器启动时需要使用-P(大写)，Docker 主机会自动分配一个宿主机未被使用的临时端口转发到指定的端口；使用-p(小写)，则可以具体指定哪个宿主机的本地端口映射过来。

ENV：指定环境变量，在镜像生成过程中会被后续 RUN 指令使用，在镜像启动的容器中也会存在。

格式：ENV <key><value>或 ENV<key>=<value>...。

例如：

```
ENV GOLANG_VERSION 1.6.3
ENV GOLANG_DOWNLOAD_RUL https://golang.org/dl/go$GOLANG_VERSION.linux-
amd64.tar.gz
ENV GOLANG_DOWNLOAD_SHA256 cdd5e08530c0579255d6153b08fdb3b8e47caabbe717bc
7bcd7561275a87aeb
RUN curl -fssL "$GOLANG_DOWNLOAD_RUL" -o golang.tar.gz && echo "$GOLANG_
DOWNLOAD_SHA256 golang.tar.gz" | sha256sum -c - && tar -C /usr/local -xzf
golang.tar.gz && rm golang.tar.gz
ENV GOPATH $GOPATH/bin:/usr/local/go/bin:$PATH
RUN mkdir -p "$GOPATH/bin" && chmod -R 777 "$GOPATH"
```

指令指定的环境变量在运行时可以被覆盖，如 docker run --env <key>=<value> built_image。

ADD：将复制指定的<src>路径下的内容到容器中的<dest>路径下。

格式：ADD<src> <dest>。

其中，<src>可以是 Dockerfile 所在目录的一个相对路径（文件或目录），也可以是一个 URL，还可以是一个 tar 文件（如果是 tar 文件，会自动解压到<dest>路径下）。<dest>可以是镜像内的绝对路径，也可以是工作目录（WORKDIR）的相对路径。路径支持正则表达式，例如：

```
ADD *.c /code/
```

COPY：复制本地主机的<src>（为 Dockerfile 所在目录的一个相对路径、文件或目录）下的内容到镜像中的<dest>下。目标路径不存在时，会自动创建。路径同样支持正则。

格式：COPY <src> <dest>。

当使用本地目录为源目录时，推荐使用 COPY。

ENTRYPOINT：指定镜像的默认入口命令，该入口命令会在启动容器时作为根命令执行，所有传入值均作为该命令的参数。

支持两种格式：

- ENTRYPOINT ["executable","param1","param2"] (exec 调用执行)。
- ENTRYPOINT command param1 param2(shell 中执行)。

此时，CMD 指令指定值将作为该命令的参数。

每个 Dockerfile 中只能有一个 ENTRYPOINT，当指定多个时，只有最后一个有效。

在运行时可以被--entrypoint 参数覆盖，如 docker run --entrypoint。

VOLUME：创建一个数据卷挂载点。

格式：VOLUME ["/data"]。

可以从本地主机或其他容器挂载数据卷，一般用来存放数据库和需要保存的数据等。

```
USER
```

指定运行容器时的用户名或 UID，后续的 RUN 等指令也会使用特定的用户身份。

格式：USER daemon。

当服务不需要管理员权限时，可以通过该指令指定运行用户，并可以在此之前创建所需要的用户。例如，RUN groupadd -r nginx && useradd -r -g nginx nginx 要临时获取管理员权限可以用 gosu 或者 sudo。

WORKDIR：为后续的 RUN、CMD 和 ENTRYPOINT 指令配置工作目录。

格式：WORKDIR /path/to/workdir。

可以使用多个 WORKDIR 指令，后续命令参数如果是相对的，则会基于之前命令指定的路径。例如：

```
WORKDIR /a
WORKDIR b
WORKDIR c
RUN pwd
```

则最终路径为/a/b/c。

ARG 指定一些镜像内使用的参数（例如版本号信息等），这些参数在执行 Docker build 命令时才以--build-arg<varname>=<value>格式传入。

格式：ARG<name>[=<default value>]。

则可以用 Docker build --build-arg<name>=<value>指定参数值。

ONBUILD：配置当所创建的镜像作为其他镜像的基础镜像时，所执行的创建操作指令。

格式：ONBUILD [INSTRUCTION]。

例如，Dockerfile 使用如下内容创建了镜像 image-A：

```
[...]
ONBUILD ADD . /app/src
ONBUILD RUN /usr/local/bin/python-build --dir /app/src
[...]
```

基于 image-A 镜像创建新的镜像时，新的 Dockerfile 中使用 FROM image-A 指定基础镜像，会自动执行 ONBUILD 指令的内容，等价于在后面添加了两条指令。

```
FROM image-A
#Automatically run the following
```

```
ONBUILD ADD . /app/src
ONBUILD RUN /usr/local/bin/python-build --dir /app/src
```

使用 ONBUILD 指令的镜像，推荐在标签中注明，例如 ruby:1.9-onbuild。

STOPSIGNAL：指定所创建镜像启动的容器接收退出的信号值。例如：

```
STOPSIGNAL singnal
```

HEALTHCHECK：配置所启动容器如何进行健康检查（判断是否健康），自 Docker 1.12 开始支持。格式有两种：

- HEALTHCHECK [OPTIONS] CMD command：根据所执行命令返回值是否为 0 判断。
- HEALTHCHECK NONE：禁止基础镜像中的健康检查。

[OPTION]支持以下参数：

--interval=DURATION （默认为 30s）：多久检查一次。

--timeout=DURATION （默认为 30s）：每次检查等待结果的超时时间。

--retries=N （默认为 3）：如果失败，重试几次才最终确定失败。

SHELL 指定其他命令使用 Shell 时的默认 Shell 类型。

格式：SHELL ["executable","parameters"]，默认值为 ["bin/sh","-c"]。

注意：对于 Windows 系统，建议在 Dockerfile 开头添加"# escape='"指定转移信息。

编写 Dockerfile 之后，可以通过 docker build 命令创建镜像。

docker build [选项]：内容路径，该命令将读取指定路径下（包括子目录）的 Dockerfile，并将该路径下的所有内容发送给 Docker 服务端，由服务端创建镜像。因此，除非生成镜像需要，否则一般建议放置 Dockerfile 的目录为空目录。

如果使用非内容路径下的 Dockerfile，可以通过-f 选项指定其路径；要指定生成镜像的标签信息，可以使用-t 选项。

例如，指定 Dockerfile 所在路径为 /tmp/docker_builder/，并且希望生成镜像标签为 build_repo/first_image，可以使用下面的命令：

```
docker build -t build_repo/first_image /tmp/docker_builder
```

使用.dockerignore 文件可以通过.dockerignore 文件（每一行添加一条匹配模式）让 Docker 忽略匹配模式路径下的目录和文件。例如：

```
#comment
*/tmp*
```

```
*/*/tmp*
tmp?
~*
```

5.3 Dockerfile 制作规范及技巧

从企业需求出发，定制适合本企业需求、高效方便的镜像，可以参考官方 Dockerfile 文件，也可以根据自身的需求，在构建中不断优化 Dockerfile 文件。

Dockerfile 制作镜像规范和技巧有以下几点。

（1）精简镜像用途。尽量让每个镜像的用途都比较集中、单一，避免构造大而复杂、多功能的镜像。

（2）选用合适的基础镜像。过大的基础镜像会造成构建出臃肿的镜像，一般推荐比较小巧的镜像作为基础镜像。

（3）提供详细的注释和维护者信息。Dockerfile 也是一种代码，需要考虑方便后续扩展和他人使用。

（4）正确使用版本号。使用明确的具体数字信息的版本号信息，而非 latest，可以统一环境，避免无法确认具体版本号。

（5）减少镜像层数。建议尽量合并 RUN 指令，可以将多条 RUN 指令的内容通过&&连接。

（6）及时删除临时和缓存文件。这样可以避免构造的镜像过于臃肿，并且这些缓存文件并没有实际用途。

（7）提高生产速度。合理使用缓存，减少目录下的使用文件，使用.dockerignore 文件等。

（8）调整合理的指令顺序。在开启缓存的情况下，内容不变的指令尽量放在前面，这样可以提高指令的复用性。

（9）减少外部源的干扰。如果确实要从外部引入数据，需要指定持久的地址，并带有版本信息，让他人可以重复使用而不出错。

5.4 Dockerfile 企业案例一

将启动 Docker 容器，同时开启 Docker 容器对外的 22 端口的监听，实现通过 CRT 或 Xshell 登录。

Docker 服务端创建 Dockerfile 文件，实现容器运行开启 22 端口，内容如下：

```
#设置基本的镜像,后续命令都以这个镜像为基础
FROM centos
#作者信息
MAINTAINER  WWW.JFEDU.NET
#安装依赖工具,删除默认 YUM 源,使用 YUM 源为国内 163  YUM 源
RUN rpm --rebuilddb;yum install make wget tar gzip passwd openssh-server gcc
-y
RUN rm -rf /etc/yum.repos.d/*;wget -P /etc/yum.repos.d/ http://mirrors.
163.com/.help/CentOS7-Base-163.repo
#配置 SSHD,修改 root 密码为 1qaz@WSX
RUN yes|ssh-keygen -q -t rsa -b 2048 -f /etc/ssh/ssh_host_rsa_key -N ''
RUN yes|ssh-keygen -q -t ecdsa -f /etc/ssh/ssh_host_ecdsa_key -N ''
RUN yes|ssh-keygen -q -t ed25519 -f /etc/ssh/ssh_host_ed25519_key -N ''
RUN echo '1qaz@WSX' | passwd --stdin root
#启动 SSHD 服务进程,对外暴露 22 端口,
EXPOSE  22
CMD /usr/sbin/sshd -D
```

基于 Dockerfile，用 docker build 根据 Dockerfile 创建镜像（centos:ssh），命令如下：

```
docker  build  -t  centos:ssh  -  <  Dockerfile
docker  build  -t  centos:ssh  .
```

5.5 Dockerfile 企业案例二

开启 SSH 6379 端口，让 Redis 端口对外访问，Dockerfile 内容如下：

```
FROM centos:latest
#作者信息
MAINTAINER  WWW.JFEDU.NET
#安装依赖工具,删除默认 YUM 源,使用 YUM 源为国内 163  YUM 源
RUN rpm --rebuilddb;yum install make wget tar gzip passwd openssh-server gcc
-y
RUN rm -rf /etc/yum.repos.d/*;wget -P /etc/yum.repos.d/ http://mirrors.163.
com/.help/CentOS7-Base-163.repo
#配置 SSHD,修改 root 密码为 1qaz@WSX
RUN ssh-keygen -q -t rsa -b 2048 -f /etc/ssh/ssh_host_rsa_key -N ''
RUN ssh-keygen -q -t ecdsa -f /etc/ssh/ssh_host_ecdsa_key -N ''
RUN ssh-keygen -q -t ed25519 -f /etc/ssh/ssh_host_ED25519_key -N ''
```

```
RUN echo '1qaz@WSX' | passwd --stdin root
#从 Redis 官网下载 Redis 最新版本软件
RUN wget -P /tmp/ http://download.redis.io/releases/redis-5.0.2.tar.gz
#解压 Redis 软件包,并基于源码安装,创建配置文件
RUN cd /tmp/;tar xzf redis-5.0.2.tar.gz;cd redis-5.0.2;make;make PREFIX=
/usr/local/redis install;mkdir -p /usr/local/redis/etc/;cp redis.conf /usr/
local/redis/etc/
#创建用于存储应用数据的目录/data/redis,修改 Redis 配置文件路径
RUN mkdir -p /data/redis/
RUN sed -i 's#^dir.*#dir /data/redis#g' /usr/local/redis/etc/redis.conf
#将应用数据存储目录/data/进行映射,可以实现数据持久化保存
VOLUME ["/data/redis"]
#修改 Redis.conf 监听地址为 bind: 0.0.0.0
RUN sed -i '/^bind/s/127.0.0.1/0.0.0.0/g' /usr/local/redis/etc/redis.conf
#启动 Redis 数据库服务进程,对外暴露 22 和 6379 端口
EXPOSE  22
EXPOSE  6379
CMD /usr/sbin/sshd;/usr/local/redis/bin/redis-server /usr/local/redis/
etc/redis.conf
```

5.6 Dockerfile 企业案例三

基于 Dockerfile 开启 Nginx 80 端口，并远程连接服务器。Dockerfile 内容如下：

```
FROM centos:latest
#作者信息
MAINTAINER  WWW.JFEDU.NET
#安装依赖工具,删除默认 YUM 源,使用 YUM 源为国内 163 YUM 源
RUN rpm --rebuilddb;yum install make wget tar gzip passwd openssh-server gcc
pcre-devel open
ssl-devel net-tools -y
RUN rm -rf /etc/yum.repos.d/*;wget -P /etc/yum.repos.d/ http://mirrors.163.
com/.help/CentOS7-Base-163.repo
#配置 SSHD,修改 root 密码为 1qaz@WSX
RUN ssh-keygen -q -t rsa -b 2048 -f /etc/ssh/ssh_host_rsa_key -N ''
RUN ssh-keygen -q -t ecdsa -f /etc/ssh/ssh_host_ecdsa_key -N ''
RUN ssh-keygen -q -t ed25519 -f /etc/ssh/ssh_host_ED25519_key -N ''
RUN echo '1qaz@WSX' | passwd --stdin root
#从 Nginx 官网下载 Nginx 最新版本软件
RUN wget -P /tmp/ http://nginx.org/download/nginx-1.14.2.tar.gz
```

```
#解压 Nginx 软件包,隐藏 Web 服务器版本号
RUN cd /tmp/;tar xzf nginx-1.14.2.tar.gz;cd nginx-1.14.2;sed -i -e
's/1.14.2//g' -e 's/nginx\//WS/g' -e 's/"NGINX"/"WS"/g' src/core/nginx.h
#基于源码安装,创建配置文件
RUN cd /tmp/nginx-1.14.2;./configure --prefix=/usr/local/nginx --with-
http_stub_status_module --with-http_ssl_module;make;make install
#启动 Nginx 服务进程,对外暴露 22 和 80 端口
EXPOSE 22
EXPOSE 80
CMD /usr/local/nginx/sbin/nginx;/usr/sbin/sshd -D
```

5.7 Dockerfile 企业案例四

Docker 虚拟化中，如何构建 MySQL 数据库服务器呢？答案很简单，通过 Dockerfile 生成 MySQL 镜像并启动运行即可，代码如下：

```
FROM centos:v1
RUN groupadd -r mysql && useradd -r -g mysql mysql
RUN rpm --rebuilddb;yum install -y gcc zlib-devel gd-devel
ENV MYSQL_MAJOR 5.6
ENV MYSQL_VERSION 5.6.20
RUN
&& curl -SL "http://dev.mysql.com/get/Downloads/MySQL-$MYSQL_MAJOR/mysql-
$MYSQL_VERSION-linux-glibc2.5-x86_64.tar.gz" -o mysql.tar.gz \
&& curl -SL "http://mysql.he.net/Downloads/MySQL-$MYSQL_MAJOR/mysql-
$MYSQL_VERSION-linux-glibc2.5-x86_64.tar.gz.asc" -o mysql.tar.gz.asc \
&& mkdir /usr/local/mysql \
&& tar -xzf mysql.tar.gz -C /usr/local/mysql \
&& rm mysql.tar.gz* \
ENV PATH $PATH:/usr/local/mysql/bin:/usr/local/mysql/scripts
WORKDIR /usr/local/mysql
VOLUME /var/lib/mysql
EXPOSE 3306
CMD ["mysqld", "--datadir=/var/lib/mysql", "--user=mysql"]
```

第 6 章 Docker 仓库案例实战

Docker 虚拟化有三个基础概念：Docker 镜像、Docker 容器和 Docker 仓库。

1）Docker 镜像

Docker 虚拟化最基础的组件为镜像。与常见的 Linux ISO 镜像类似，但是 Docker 镜像是分层结构的，由多个层级组成，每个层级分别存储各种软件实现某个功能。Docker 镜像是静止的、只读的，不能对镜像进行写操作。

2）Docker 容器

Docker 容器是 Docker 虚拟化的产物，也是最早在生产环境使用的对象。Docker 容器的底层是 Docker 镜像，是基于镜像运行，并在镜像最上层添加一层容器层之后的实体。容器层是可读、可写的，容器层如果需用到镜像层中的数据，可以通过 JSON 文件读取镜像层中的软件和数据，对整个容器进行修改。修改只能作用于容器层，不能直接对镜像层进行写操作。

3）Docker 仓库

Docker 仓库是用于存放 Docker 镜像的地方，Docker 仓库分为两类，分别是公共仓库（Public）和私有仓库（Private），国内和国外有很多默认的公共仓库，对外开放、免费或者付费使用，企业测试环境和生产环境推荐自建私有仓库，私有仓库的特点：安全、可靠、稳定、高效，能够根据自身的业务体系进行灵活升级和管理。

纵观 Docker 镜像、容器、仓库，其中最重要、最基础的当属 Docker 镜像，没有镜像就没有容器，而镜像是静止的、只读的模板文件层，存储在 Docker 仓库中。

6.1 Docker 国内源实战

Docker 默认连接的国外官方镜像，通常根据网络情况不同，访问时快时慢，大多时候获取速度非常慢，为了提升效率可以自建仓库或者先修改为国内仓库源，提升拉取镜像的速度。

Docker 可以配置的国内镜像有很多可供选择，例如，Docker 中国区官方镜像、阿里云、网易蜂巢、DaoCloud 等，这些都是国内比较快的镜像仓库。

（1）修改 Docker 默认镜像源方法，操作指令如下：

```
cat>/etc/docker/daemon.json<<EOF
{
"registry-mirrors":["https://registry.docker-cn.com"]
}
EOF
```

（2）修改完成，重启 Docker 引擎服务，操作指令如下：

```
service docker restart
systemctl restart docker.service
```

6.2 Docker Registry 仓库源实战

Docker 仓库分为公共仓库和私有仓库，在企业测试环境和生产环境中推荐自建内部私有仓库。使用私有仓库有以下优点。

（1）节省网络带宽，针对每个镜像不用去 Docker 官网仓库下载。

（2）可直接从本地私有仓库中下载 Docker 镜像。

（3）组建公司内部私有仓库，方便各部门使用，服务器管理更加统一。

（4）可以基于 GIT 或 SVN、Jenkins 更新本地 Docker 私有仓库镜像版本。

官方提供 Docker Registry 构建本地私有仓库，目前最新版本为 Registry v2，最新版的 Docker 已不再支持 Registry v1，Registry v2 使用 Go 语言编写，在性能和安全性上作了很多优化，重新设计了镜像的存储格式。

（1）登录 Docker 仓库服务器，下载 Docker Registry 镜像，操作指令如下：

```
docker pull registry
```

（2）启动私有仓库容器，操作指令如下：

```
mkdir -p /data/registry/
docker run -itd -p 5000:5000 -v /data/registry:/var/lib/registry docker.
io/registry
netstat -tnlp|grep -aiwE 5000
```

（3）默认情况下，会将仓库存放于容器内的/var/lib/registry 目录下，这样如果容器被删除，则存放于容器中的镜像也会丢失，所以一般会指定本地一个目录挂载到容器内的/data/registry 目录下。

（4）客户端上传镜像至本地私有仓库。以下以 busybox 镜像为例，将 busybox 上传至私有仓库服务器。操作指令如下：

```
docker pull busybox
docker tag busybox 192.168.1.123:5000/busybox
docker push 192.168.1.123:5000/busybox
```

（5）默认为 Docker 仓库，报错解决方法：vim /etc/sysconfig/docker 配置文件，注释或者删除以 OPTION 开头的行，操作指令如下：

```
OPTIONS='--selinux-enabled --log-driver=journald --signature-verification
=false --insecure-registry 192.168.1.123:5000'
ADD_REGISTRY='--add-registry 192.168.1.123:5000'
```

（6）检测本地私有仓库，操作指令如下：

```
curl -XGET http://192.168.1.123:5000/v2/_catalog
curl -XGET http://192.168.1.123:5000/v2/busybox/tags/list
```

（7）客户端使用本地私有仓库，登录 Docker 客户端，同样在其/etc/sysconfig/docker 配置文件添加如下代码，同时重启 Docker 服务，获取本地私有仓库。

```
OPTIONS='--selinux-enabled --log-driver=journald --signature-verification
=false --insecure-registry 192.168.1.123:5000'
ADD_REGISTRY='--add-registry 192.168.1.123:5000'
```

（8）重启 Docker 服务，然后从 Docker 仓库下载 busybox 镜像，如图 6-1 所示。

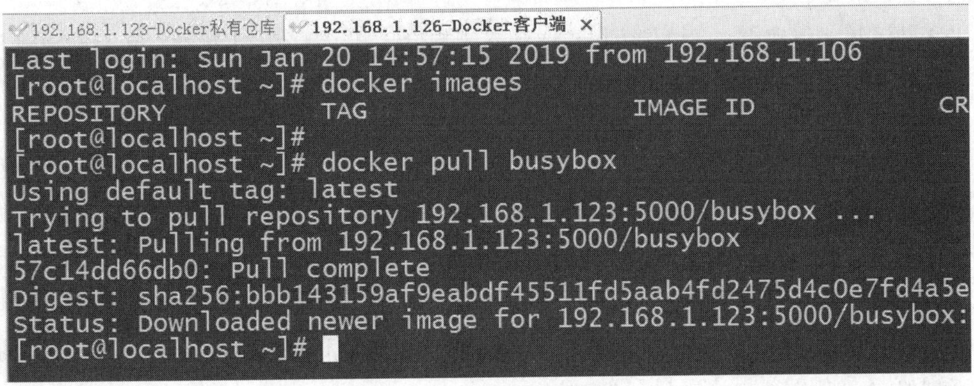

```
192.168.1.123-Docker私有仓库 | 192.168.1.126-Docker客户端 ×
Last login: Sun Jan 20 14:57:15 2019 from 192.168.1.106
[root@localhost ~]# docker images
REPOSITORY          TAG               IMAGE ID          CR
[root@localhost ~]#
[root@localhost ~]# docker pull busybox
Using default tag: latest
Trying to pull repository 192.168.1.123:5000/busybox ...
latest: Pulling from 192.168.1.123:5000/busybox
57c14dd66db0: Pull complete
Digest: sha256:bbb143159af9eabdf45511fd5aab4fd2475d4c0e7fd4a5e
Status: Downloaded newer image for 192.168.1.123:5000/busybox:
[root@localhost ~]#
```

图 6-1　Docker 仓库下载镜像

（9）配置 Docker 仓库第二种方法，在/etc/docker/daemon.json 写入如下内容：

```
{
"insecure-registries":["192.168.1.123:5000"]
}
```

（10）重启 Docker 引擎服务，操作指令如下：

```
service docker restart
```

（11）下载远程仓库镜像，如图 6-2 所示。

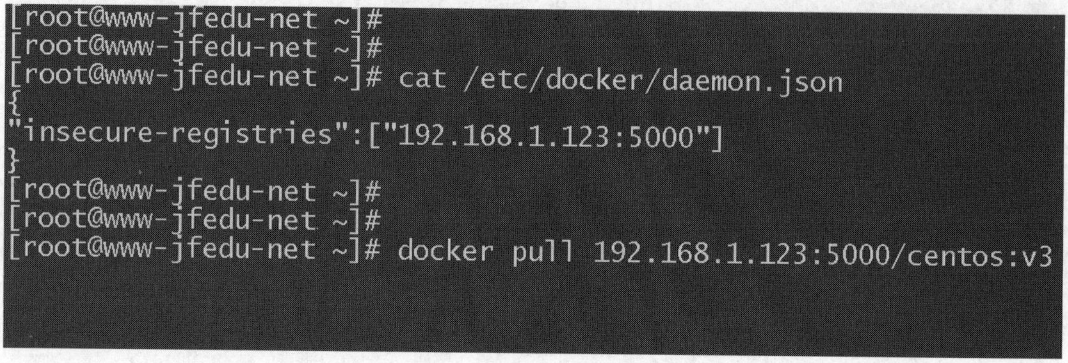

```
[root@www-jfedu-net ~]#
[root@www-jfedu-net ~]#
[root@www-jfedu-net ~]# cat /etc/docker/daemon.json
{
"insecure-registries":["192.168.1.123:5000"]
}
[root@www-jfedu-net ~]#
[root@www-jfedu-net ~]#
[root@www-jfedu-net ~]# docker pull 192.168.1.123:5000/centos:v3
```

图 6-2　下载远程仓库镜像

6.3 Docker Harbor 仓库源实战

构建 Docker 仓库方式除了使用 Registry 之外，还可以使用 Harbor。以下为 Registry 方式的缺点。

（1）缺少认证机制，任何人都可以随意拉取及上传镜像，安全性缺失。

（2）缺乏镜像清理机制，镜像可以拉取却不能删除，日积月累，占用的空间会越来越大。

（3）缺乏相应的扩展机制。

Harbor 仓库可以解决以上几个缺点。Harbor 是一个用于存储和分发 Docker 镜像的企业级 Registry 服务器，通过添加一些企业必需的功能特性，例如安全、标识和管理等，扩展了开源 Docker Distribution。

作为一个企业级私有 Registry 服务器，Harbor 提供了更好的性能和安全性，可提升用户使用 Registry 构建和运行环境传输镜像的效率。Harbor 支持在多个 Registry 节点进行镜像资源复制，镜像全部保存在私有 Registry 中，确保数据和知识产权在公司内部网络中管控。另外，Harbor

也提供了高级的安全特性，诸如用户管理、访问控制和活动审计等。

Harbor 仓库部署有两种方式，一种是 off-line，另一种是 on-line，即离线安装和在线安装。此处选择离线安装。

（1）安装 Docker-Compose 快速编排工具。

```
#安装 Epel-release 扩展源
yum install epel-release -y
#安装 Python pip 工具
yum install python-pip -y
#升级 Python pip 工具
pip install --upgrade pip
#pip install docker-compose
#下载 Docker compose 脚本
curl -L https://github.com/docker/compose/releases/download/1.18.0/run.sh
> /usr/local/bin/docker-compose
#添加脚本 x 权限
chmod +x /usr/local/bin/docker-compose
#查看其版本信息
docker-compose --version
ln -s /usr/local/bin/docker-compose /usr/bin/docker-compose
```

（2）下载 Harbor 并解压。

```
wget -c https://storage.googleapis.com/harbor-releases/release-1.7.0/
harbor-offline-installer-v1.7.0.tgz
tar -xzf harbor-offline-installer-v1.7.0.tgz
cd harbor
```

（3）修改 Harbor 配置文件 harbor.cfg，修改 hostname 为本机 IP 地址，如图 6-3 所示。

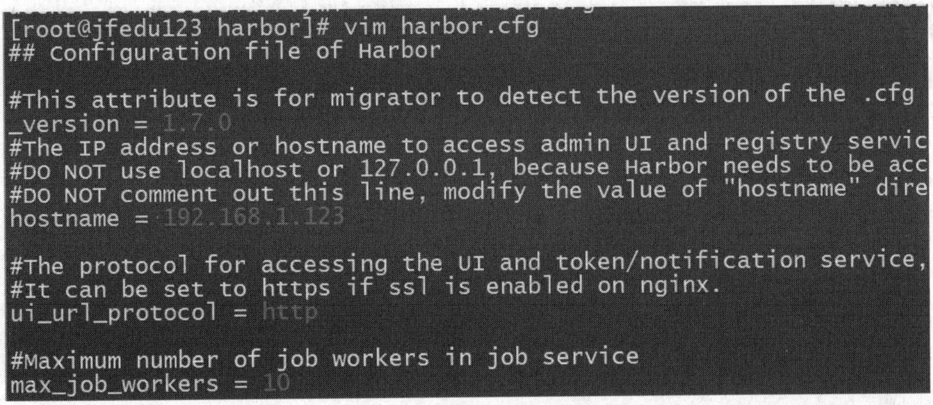

```
[root@jfedu123 harbor]# vim harbor.cfg
## Configuration file of Harbor

#This attribute is for migrator to detect the version of the .cfg
_version = 1.7.0
#The IP address or hostname to access admin UI and registry servic
#DO NOT use localhost or 127.0.0.1, because Harbor needs to be acc
#DO NOT comment out this line, modify the value of "hostname" dire
hostname = 192.168.1.123

#The protocol for accessing the UI and token/notification service,
#It can be set to https if ssl is enabled on nginx.
ui_url_protocol = http

#Maximum number of job workers in job service
max_job_workers = 10
```

图 6-3　Harbor 配置文件修改

（4）执行 Harbor 安装脚本，安装 Harbor，操作指令如图 6-4 所示。

```
./install.sh
```

```
[Step 4]: starting Harbor ...
Creating network "harbor_harbor" with the default driver
Creating harbor-log
Creating redis
Creating registry
Creating registryctl
Creating harbor-adminserver
Creating harbor-db
Creating harbor-core
Creating harbor-portal
Creating harbor-jobservice
Creating nginx
```

（a）

```
[root@www-jfedu-net harbor]# docker ps
CONTAINER ID        IMAGE                                   COMMAND
        PORTS                                                                        NAMES
e100d7269a36        goharbor/nginx-photon:v1.7.0            "nginx -g 'daemon ...
ealthy)   0.0.0.0:80->80/tcp, 0.0.0.0:443->443/tcp, 0.0.0.0:4443->4443/tcp   nginx
0e983403d1ba        goharbor/harbor-jobservice:v1.7.0       "/harbor/start.sh"
                                                                             harbor
a4623523761a        goharbor/harbor-portal:v1.7.0           "nginx -g 'daemon ...
ealthy)   80/tcp                                                             harbor
eba3669d8304        goharbor/harbor-core:v1.7.0             "/harbor/start.sh"
ealthy)                                                                      harbor
3b23ebc0aebc        goharbor/harbor-db:v1.7.0               "/entrypoint.sh po...
ealthy)   5432/tcp                                                           harbor
```

（b）

图 6-4　Harbor 仓库平台安装 1

（5）登录 Harbor Web 平台，默认用户名为 admin，默认密码为 Harbor12345，可以在 harbor.cnf 中自行设置密码，如图 6-5 所示。

图 6-5　Harbor 仓库平台安装 2

（6）登录 Harbor Web 控制台，可以进行进一步配置，如图 6-6 所示。

项目
日志
系统管理
用户管理
仓库管理
复制管理
配置管理

项目

+ 新建项目　× 删除

项目名称	访问级别	角色
library	公开	项目管理员

图 6-6　Harbor 仓库平台安装 3

（7）创建私有仓库用户名 jfedu，设置密码，并且绑定 library 仓库，如图 6-7 所示。

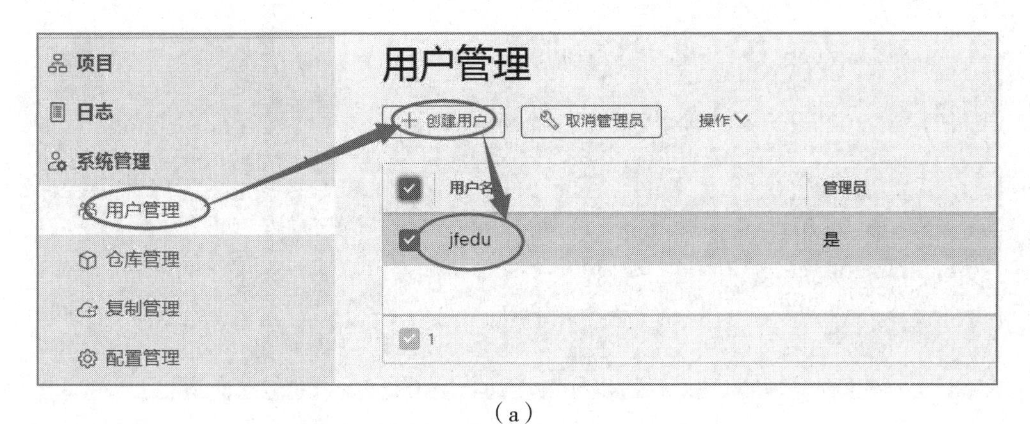

（a）

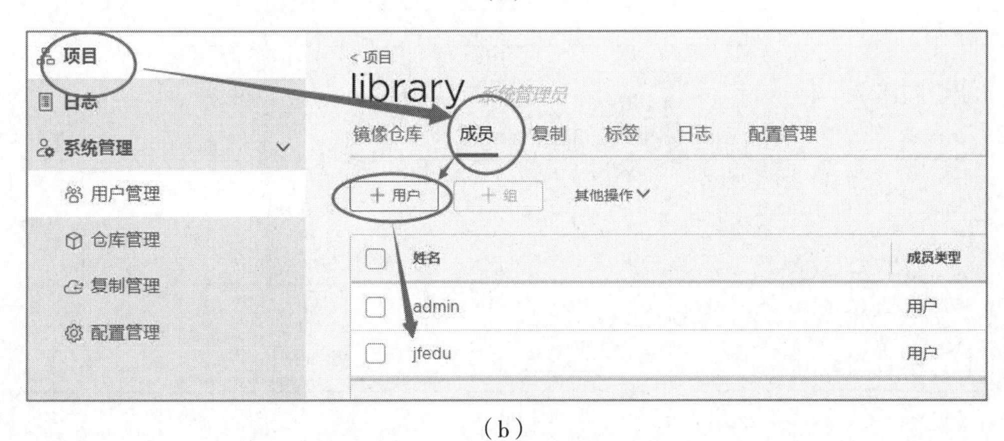

（b）

图 6-7　Harbor 仓库平台安装 4

（8）修改 Docker 客户端仓库地址为 192.168.1.123，同时将 tag 修改为如下格式：

```
192.168.1.123/library/busybox
192.168.1.123/library/nginx
```

（9）docker login 输入创建的用户名和密码，登录成功即可。

```
docker login 192.168.1.123
```

（10）默认访问 Docker 仓库使用 443 端口，要修改为 80 端口仓库地址。

```
cat>/etc/docker/daemon.json<<EOF
{
"insecure-registries":["192.168.1.123"]
}
EOF
service docker restart
```

（11）通过 Docker push 将镜像上传至 Harbor 仓库，如图 6-8 所示。

```
[root@localhost ~]# docker images|grep "library"
192.168.1.123/library/busybox    latest             3a093384
192.168.1.123/library/nginx      latest             7042885a
[root@localhost ~]#
[root@localhost ~]# docker push 192.168.1.123/library/busybo
The push refers to a repository [192.168.1.123/library/busyb
683f499823be: Layer already exists
latest: digest: sha256:bbb143159af9eabdf45511fd5aab4fd2475d4
[root@localhost ~]#
[root@localhost ~]#
[root@localhost ~]# docker push 192.168.1.123/library/nginx
The push refers to a repository [192.168.1.123/library/nginx
b7efe781401d: Layer already exists
```

（a）

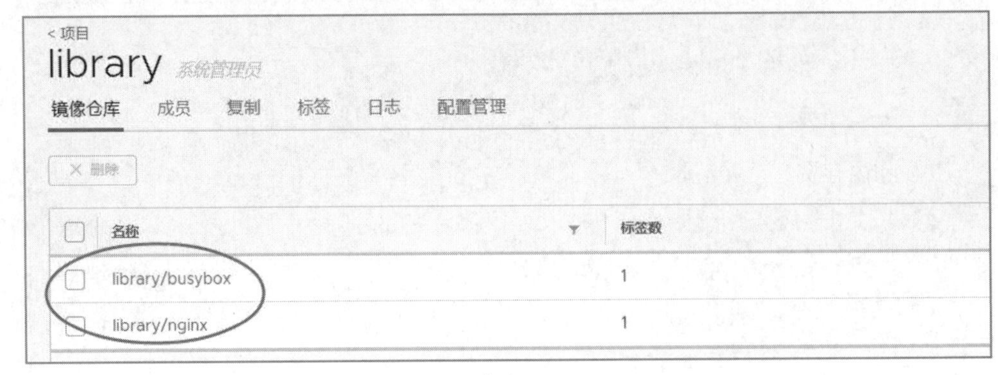

（b）

图 6-8 Harbor 仓库案例应用

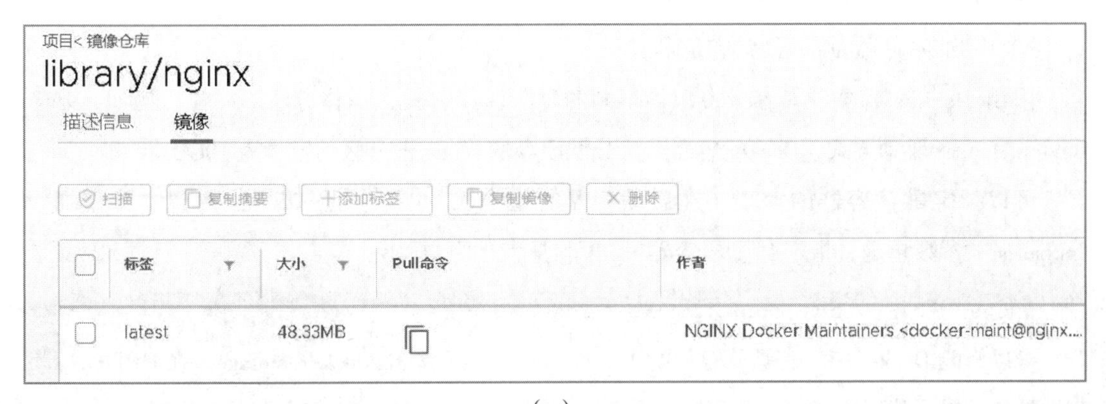

（c）

图 6-8　（续）

6.4　Docker 磁盘、内存、CPU 资源实战一

前面章节介绍了 Docker 引擎启动的容器（虚拟机），其默认会共享宿主机所有的硬件资源（CPU、内存、硬盘等）。

测试环境或生产环境中，如果某一个 Docker 容器非常占资源，又没有对其做任何资源的限制，会导致其他的容器没有资源可用，甚至导致宿主机崩溃。为了防止意外或者错误产生，通常会对 Docker 容器进行资源隔离和限制，默认 Docker 基于 Cgroup 隔离子系统实施资源隔离。

基于 Docker run 启动容器时，可以直接限制 CPU 和内存的资源，但是不能直接限制其对硬盘容量的使用。

1）CPU 和内存资源限制案例一

基于 Docker 引擎启动一台 CentOS 容器，并设置 CPU 为 2 核，内存为 4096MB，启动命令如下：

```
docker run -itd --privileged --cpuset-cpus=0-1 -m 4096m centos:latest
```

2）CPU 和内存资源限制案二

基于 Docker 引擎启动一台 CentOS 容器，并且设置 CPU 为 4 核，内存为 8192MB，启动命令如下：

```
docker run -itd --privileged --cpuset-cpus=2-5 -m 8192m centos:latest
```

以上方法只能限制 Docker 容器 CPU 和内存的资源隔离，如果要实现硬盘容量的限制，则没有默认参数设置，需要通过以下方法实现。

3）基于 Device Mapper 硬盘容量限制

限制 Docker 容器硬盘容量资源，不同的硬盘驱动方式，操作方法不一样。例如，基于 Device Mapper 驱动方式，Docker 容器默认分配硬盘的 rootfs 根分区的容量为 10GB。

可以指定默认容器的大小（在启动容器时指定），也可以在 Docker 配置文件里通过 dm.basesize 参数指定，指定 Docker 容器 rootfs 容量大小为 20GB。

```
docker -d --storage-opt dm.basesize=20G
```

可以修改 Docker 引擎，默认存储配置文件 vim /etc/sysconfig/docker-storage，在 OPTIONS 参数后面加入以下代码：

```
--storage-opt dm.basesize=20G
```

最终 docker-storage 文件，添加之后的代码如下：

```
DOCKER_STORAGE_OPTIONS="--storage-driver devicemapper --storage-opt dm.
basesize=20G"
```

除了用第一种默认方法限制 Docker 容器硬盘容量之外，还可以基于现有容器在线扩容，宿主机文件系统类型支持 ext2、ext3、ext4，不支持 XFS。

（1）查看原容器的磁盘空间大小，如图 6-9 所示。

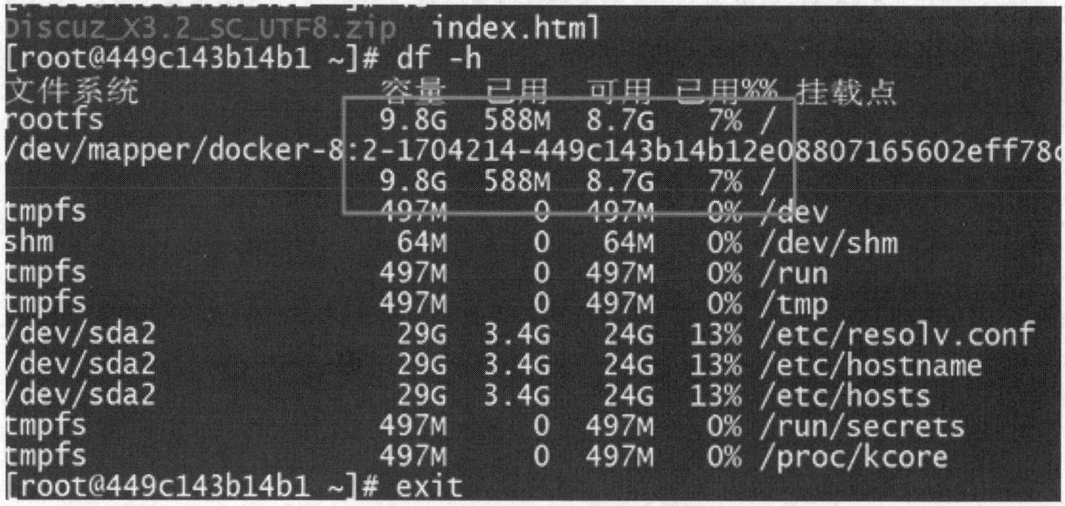

```
Discuz_X3.2_SC_UTF8.zip  index.html
[root@449c143b14b1 ~]# df -h
文件系统                   容量  已用  可用 已用%% 挂载点
rootfs                     9.8G  588M  8.7G    7% /
/dev/mapper/docker-8:2-1704214-449c143b14b12e08807165602eff78c
                           9.8G  588M  8.7G    7% /
tmpfs                      497M     0  497M    0% /dev
shm                         64M     0   64M    0% /dev/shm
tmpfs                      497M     0  497M    0% /run
tmpfs                      497M     0  497M    0% /tmp
/dev/sda2                   29G  3.4G   24G   13% /etc/resolv.conf
/dev/sda2                   29G  3.4G   24G   13% /etc/hostname
/dev/sda2                   29G  3.4G   24G   13% /etc/hosts
tmpfs                      497M     0  497M    0% /run/secrets
tmpfs                      497M     0  497M    0% /proc/kcore
[root@449c143b14b1 ~]# exit
```

图 6-9　查看原容器的磁盘空间大小

（2）查看 Mapper 设备，如图 6-10 所示。

```
[root@localhost ~]#
[root@localhost ~]#  ls -l /dev/mapper/docker-*
lrwxrwxrwx. 1 root root 7 5月  28 12:47 /dev/mapper/docker-8:2-1704214-449c143b14b12e08
2eff78ca2e39a5f444fb638b3d7131ccaa3d4843 -> ../dm-1
lrwxrwxrwx. 1 root root 7 5月  28 12:45 /dev/mapper/docker-8:2-1704214-pool -> ../dm-0
[root@localhost ~]#
```

图 6-10　查看 Mapper 设备

（3）查看卷信息表，如图 6-11 所示。

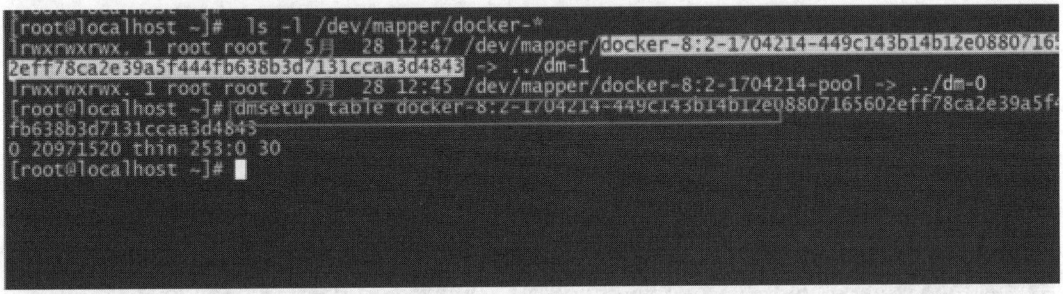

```
[root@localhost ~]# ls -l /dev/mapper/docker-*
lrwxrwxrwx. 1 root root 7 5月  28 12:47 /dev/mapper/docker-8:2-1704214-449c143b14b12e0880716
2eff78ca2e39a5f444fb638b3d7131ccaa3d4843 -> ../dm-1
lrwxrwxrwx. 1 root root 7 5月  28 12:45 /dev/mapper/docker-8:2-1704214-pool -> ../dm-0
[root@localhost ~]# dmsetup table docker-8:2-1704214-449c143b14b12e08807165602eff78ca2e39a5f4
fb638b3d7131ccaa3d4843
0 20971520 thin 253:0 30
[root@localhost ~]#
```

图 6-11　查看卷信息表

（4）根据要扩展的大小，计算需要多少扇区。第二个数字是设备的大小，表示有多少个 512B 的扇区，这个值略高于 10GB 的大小。计算一个 15GB 的卷需要多少扇区，操作指令如下：

```
echo $((1510241024*1024/512)) 31457280
```

（5）修改卷信息表，激活并验证（虚线框内 3 部分），如图 6-12 所示。

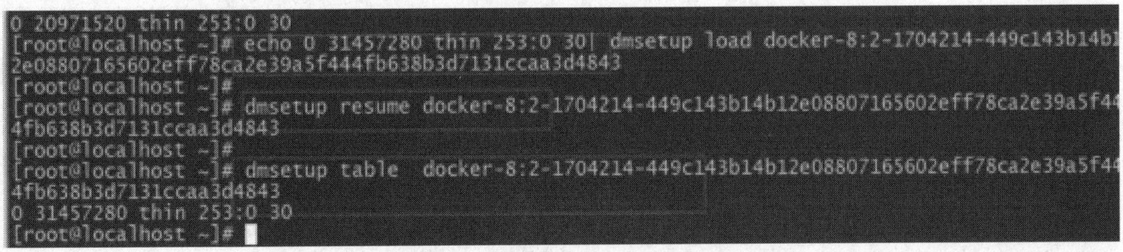

```
0 20971520 thin 253:0 30
[root@localhost ~]# echo 0 31457280 thin 253:0 30| dmsetup load docker-8:2-1704214-449c143b14b1
2e08807165602eff78ca2e39a5f444fb638b3d7131ccaa3d4843
[root@localhost ~]#
[root@localhost ~]# dmsetup resume docker-8:2-1704214-449c143b14b12e08807165602eff78ca2e39a5f44
4fb638b3d7131ccaa3d4843
[root@localhost ~]#
[root@localhost ~]# dmsetup table  docker-8:2-1704214-449c143b14b12e08807165602eff78ca2e39a5f44
4fb638b3d7131ccaa3d4843
0 31457280 thin 253:0 30
[root@localhost ~]#
```

图 6-12　修改卷信息表并激活验证

（6）修改文件系统大小，如图 6-13 所示。

```
[root@localhost ~]# resize2fs /dev/mapper/docker-8:2-1704214-449c143b14b12e
39a5f444fb638b3d7131ccaa3d4843
resize2fs 1.42.9 (28-Dec-2013)
Filesystem at /dev/mapper/docker-8:2-1704214-449c143b14b12e08807165602eff78
7131ccaa3d4843 is mounted on /var/lib/docker/devicemapper/mnt/449c143b14b12
e39a5f444fb638b3d7131ccaa3d4843; on-line resizing required
old_desc_blocks = 2, new_desc_blocks = 2
The filesystem on /dev/mapper/docker-8:2-1704214-449c143b14b12e08807165602e
8b3d7131ccaa3d4843 is now 3932160 blocks long.

[root@localhost ~]#
```

图 6-13　修改文件系统大小

（7）最后验证磁盘大小，如图 6-14 所示。

```
[root@localhost ~]# docker attach 449c143b14b1

[root@449c143b14b1 /]#
[root@449c143b14b1 /]#
[root@449c143b14b1 /]#
[root@449c143b14b1 /]# df -h
Filesystem              Size  Used Avail Use% Mounted on
rootfs                   15G  592M   14G   5% /
/dev/mapper/docker-8:2-1704214-449c143b14b12e08807165602eff78ca2e39a
                         15G  592M   14G   5% /
tmpfs                   497M     0  497M   0% /dev
shm                      64M     0   64M   0% /dev/shm
tmpfs                   497M     0  497M   0% /run
tmpfs                   497M     0  497M   0% /tmp
/dev/sda2                29G  3.4G   24G  13% /etc/resolv.conf
/dev/sda2                29G  3.4G   24G  13% /etc/hostname
/dev/sda2                29G  3.4G   24G  13% /etc/hosts
tmpfs                   497M     0  497M   0% /run/secrets
tmpfs                   497M     0  497M   0% /proc/kcore
```

图 6-14　容器磁盘扩容实战

根据以上所有操作步骤和指令操作，Docker 容器成功扩容。当然，以上步骤也可以写成脚本，然后使用脚本批量扩容分区大小。

6.5　Docker 磁盘、内存、CPU 资源实战二

Docker 容器默认启动的虚拟机，会占用宿主机的资源（CPU、内存、硬盘）。例如，默认 Docker 基于 Overlay2 驱动方式，容器硬盘的 rootfs 根分区空间是整个宿主机的空间大小。

可以指定默认容器的大小（在启动容器时指定），可以在 Docker 配置文件：

"/etc/sysconfig/docker" 中，OPTIONS 参数后面添加以下代码，指定 Docker 容器 rootfs 容量大小为 10GB。

```
OPTIONS='--storage-opt overlay2.size=10G'
```

以上方法只适用于新容器生成，且修改后需要重启 Docker，无法做到动态地给正在运行的容器指定大小。默认容器磁盘空间如图 6-15 所示。

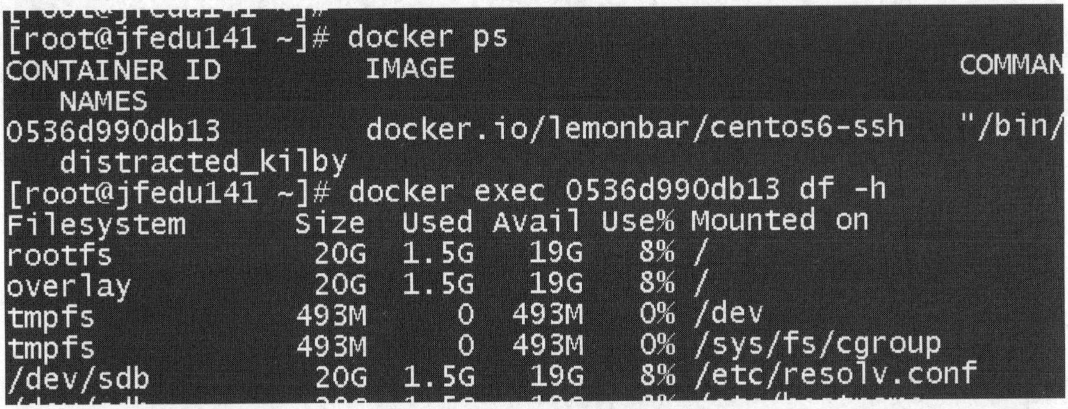

```
[root@jfedu141 ~]# docker ps
CONTAINER ID        IMAGE                              COMMAN
  NAMES
0536d990db13        docker.io/lemonbar/centos6-ssh     "/bin/
  distracted_kilby
[root@jfedu141 ~]# docker exec 0536d990db13 df -h
Filesystem          Size  Used Avail Use% Mounted on
rootfs               20G  1.5G   19G   8% /
overlay              20G  1.5G   19G   8% /
tmpfs               493M     0  493M   0% /dev
tmpfs               493M     0  493M   0% /sys/fs/cgroup
/dev/sdb             20G  1.5G   19G   8% /etc/resolv.conf
```

图 6-15　Docker 容器磁盘空间

修改 Docker 存储配置文件，加入以下代码（默认如果已经为 overlay2，则无须修改）：

```
#修改 Docker 引擎存储配置
vi /etc/sysconfig/docker-storage
DOCKER_STORAGE_OPTIONS="--storage-driver overlay2"
#重启 Docker 引擎服务
service docker restart
```

Overlay2 Docker 磁盘驱动模式下，如果要调整容器大小，通过以上方法会导致 Docker 引擎服务无法启动，还需要让 Linux 文件系统设置为 xfs，并支持目录级别的磁盘配额功能。

CentOS 7.x xfs 磁盘配额配置，新添加一块硬盘，设置磁盘配额方法步骤如下。

（1）添加新的硬盘，如图 6-16 所示。

（2）格式化硬盘为 xfs 文件系统格式，操作指令如下：

```
mkfs.xfs -f /dev/sdb
```

（3）创建 data 目录，后续将作为 Docker 数据目录。

```
mkdir /data/ -p
```

```
[root@jfedu141 ~]# fdisk -l

Disk /dev/sda: 21.5 GB, 21474836480 bytes, 41943040 sectors
Units = sectors of 1 * 512 = 512 bytes
Sector size (logical/physical): 512 bytes / 512 bytes
I/O size (minimum/optimal): 512 bytes / 512 bytes
Disk label type: dos
Disk identifier: 0x000a39b8

   Device Boot      Start         End      Blocks   Id  System
/dev/sda1   *        2048      411647      204800   83  Linux
/dev/sda2          411648     1460223      524288   82  Linux swap
/dev/sda3         1460224    41943039    20241408   83  Linux

Disk /dev/sdb: 21.5 GB, 21474836480 bytes, 41943040 sectors
Units = sectors of 1 * 512 = 512 bytes
Sector size (logical/physical): 512 bytes / 512 bytes
I/O size (minimum/optimal): 512 bytes / 512 bytes
```

图 6-16 添加新的硬盘

（4）挂载 data 目录，并开启磁盘配额功能（默认 xfs 支持配额功能），如图 6-17 所示。

```
mount -o uquota,prjquota /dev/sdb /data/
```

```
[root@jfedu141 ~]#
[root@jfedu141 ~]# mount -o uquota,prjquota /dev/sdb /data/
[root@jfedu141 ~]#
[root@jfedu141 ~]# cd /data/
[root@jfedu141 data]# ls
[root@jfedu141 data]#
[root@jfedu141 data]# ll
total 0
[root@jfedu141 data]# mkdir docker
[root@jfedu141 data]# ls
docker
[root@jfedu141 data]#
[root@jfedu141 data]# mount|grep data
/dev/sdb on /data type xfs (rw,relatime,attr2,inode64,usrquota,prjquota)
[root@jfedu141 data]#
```

图 6-17 挂载 data 目录并开启磁盘配额功能

挂载配额类型有以下几种。

① 根据用户（uquota/usrquota/quota）。

② 根据组（gquota/grpquota）。

③ 根据目录（pquota/prjquota）（不能与 grpquota 同时设定）。

（5）查看配额配置详情，命令如下，如图 6-18 所示。

```
xfs_quota -x -c 'report' /data/
```

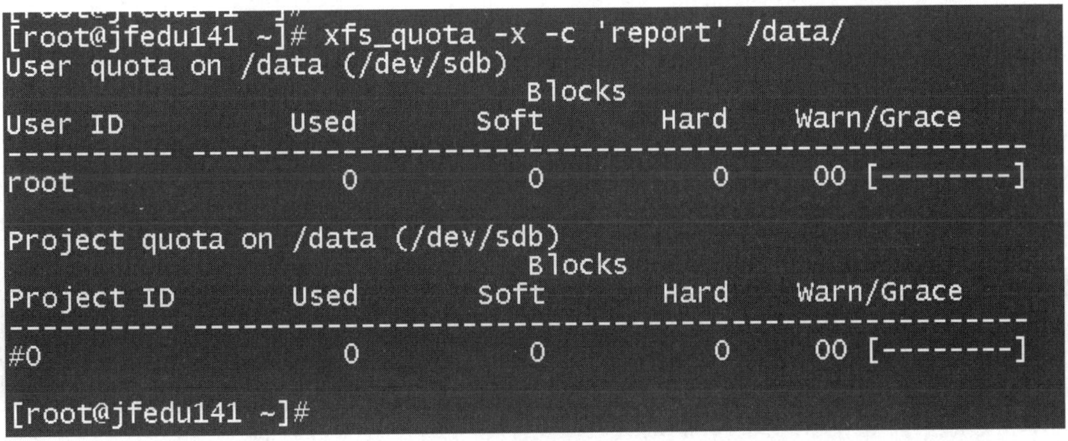

```
[root@jfedu141 ~]# xfs_quota -x -c 'report' /data/
User quota on /data (/dev/sdb)
                               Blocks
User ID          Used       Soft        Hard    Warn/Grace
---------- --------------------------------------------------
root                0          0           0     00 [--------]

Project quota on /data (/dev/sdb)
                               Blocks
Project ID       Used       Soft        Hard    Warn/Grace
---------- --------------------------------------------------
#0                  0          0           0     00 [--------]

[root@jfedu141 ~]#
```

图 6-18　查看配额配置详情

（6）可以通过命令 xfs_quota 为用户和目录分配配额，也可以通过命令查看配额信息，如图 6-19 所示。

```
xfs_quota -x -c 'limit bsoft=10M bhard=10M jfedu' /data
xfs_quota -x -c 'report' /data/
```

```
[root@jfedu141 ~]# xfs_quota -x -c 'limit bsoft=10M bhard=10M jfedu' /data
[root@jfedu141 ~]#
[root@jfedu141 ~]#
[root@jfedu141 ~]# xfs_quota -x -c 'report' /data/
User quota on /data (/dev/sdb)
                               Blocks
User ID          Used       Soft        Hard    Warn/Grace
---------- --------------------------------------------------
root                0          0           0     00 [--------]
jfedu               0      10240       10240     00 [--------]

Project quota on /data (/dev/sdb)
                               Blocks
Project ID       Used       Soft        Hard    Warn/Grace
```

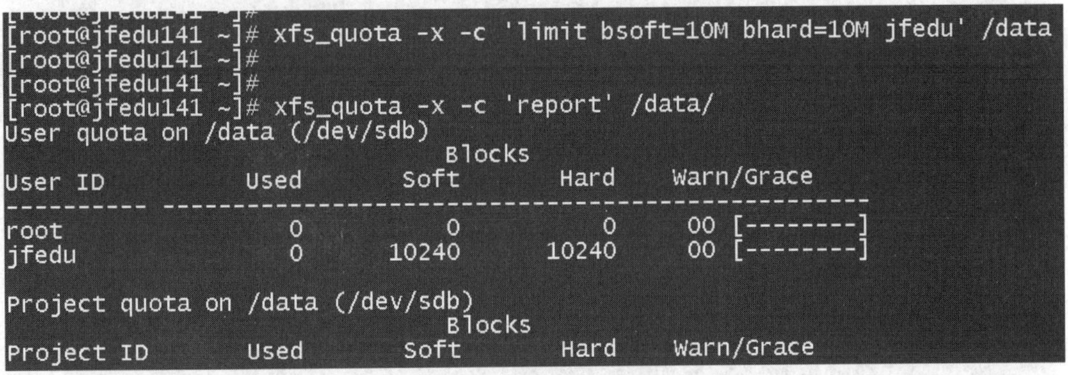

图 6-19　分配和查看配额

（7）将 Docker 引擎默认数据存储于目录：/var/lib/docker 重命名，并将/data/docker 目录软链接至/var/lib/下即可。操作指令如下：

```
mkdir -p /data/docker/
cd /var/lib/
mv docker docker.bak
ln -s /data/docker/ ./
```

（8）重启 Docker 服务，并查看进程，可以看到 docker overlay2.size 大小配置，如图 6-20 所示。

```
u141 ~]#
u141 ~]# !ser
cker restart
g to /bin/systemctl restart docker.service
u141 ~]#
u141 ~]# ps -ef|grep docker
4743     1  2 18:22 ?        00:00:00 /usr/bin/dockerd-current --add-r
-default-runtime=docker-runc --exec-opt native.cgroupdriver=systemd --
 --init-path=/usr/libexec/docker/docker-init-current --seccomp-profile
rnald --signature-verification=false --storage-opt overlay2.size=10G -
4748 24743  0 18:22 ?        00:00:00 /usr/bin/docker-containerd-curre
.sock --metrics-interval=0 --start-timeout 2m --state-dir /var/run/doc
-runtime docker-runc --runtime-args --systemd-cgroup=true
4837 23746  0 18:22 pts/0    00:00:00 grep --color=auto docker
u141 ~]#
```

图 6-20　查看进程

（9）基于 Docker 客户端指令启动 Docker 容器，并查看最新容器的磁盘空间为 10GB，则设置容器大小成功，如图 6-21 所示。

```
[root@jfedu141 ~]#
[root@jfedu141 ~]# docker images
REPOSITORY                      TAG                 IMAGE ID
docker.io/lemonbar/centos6-ssh   latest              efd998bd
[root@jfedu141 ~]#
[root@jfedu141 ~]# docker run -itd efd998bd6817
deb93aebdea2ee568cf8a587b8308a529dff0a2dacc9c02161bfd061faf04
[root@jfedu141 ~]#
[root@jfedu141 ~]# docker ps
CONTAINER ID        IMAGE               COMMAND
deb93aebdea2        efd998bd6817        "/bin/sh -c '/usr/...
_borg
```

（a）

```
[root@jfedu141 ~]# docker ps
CONTAINER ID        IMAGE               COMMAND
deb93aebdea2        efd998bd6817        "/bin/sh -c '/usr/
_borg
[root@jfedu141 ~]#
[root@jfedu141 ~]# docker exec deb93aebdea2 df -h
Filesystem      Size  Used Avail Use% Mounted on
rootfs           10G   12K   10G   1% /
overlay          10G   12K   10G   1% /
tmpfs           493M     0  493M   0% /dev
tmpfs           493M     0  493M   0% /sys/fs/cgroup
/dev/sdb         20G  347M   20G   2% /etc/resolv.conf
/dev/sdb         20G  347M   20G   2% /etc/hostname
/dev/sdb         20G  347M   20G   2% /etc/hosts
```

（b）

图 6-21　Docker 容器硬盘扩容

6.6　Docker 资源监控方案和监控实战

Docker 虚拟化平台自带了 Docker 容器（虚拟机）资源监控的功能，通过对 Docker 容器的资源监控，用户可以随时掌握容器进行相关的资源性能，对容器性能进行更好的评估。通常，监控容器资源的指标主要包括以下几方面。

（1）容器的 CPU 情况和使用量。

（2）容器的内存情况和使用量。

（3）容器的本地镜像情况。

（4）主机的容器运行情况。

基于 docker ps –a 和 docker images 命令查看容器的本地镜像、容器运行的情况，使用 docker stats 命令可以监控相关容器实例情况。

6.7　Docker stats 监控工具

（1）查看本地镜像和容器列表，命令如下，如图 6-22 所示。

```
docker images
docker ps
```

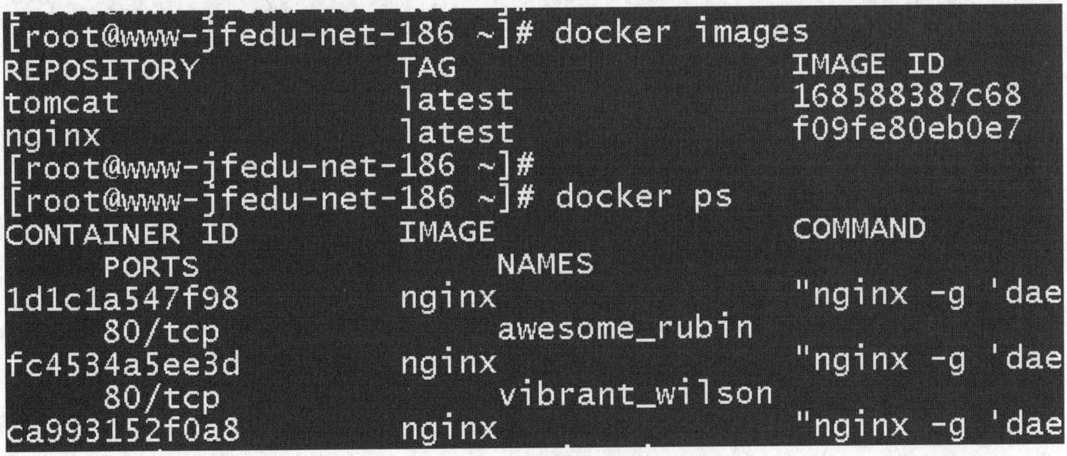

```
[root@www-jfedu-net-186 ~]# docker images
REPOSITORY          TAG                 IMAGE ID
tomcat              latest              168588387c68
nginx               latest              f09fe80eb0e7
[root@www-jfedu-net-186 ~]#
[root@www-jfedu-net-186 ~]# docker ps
CONTAINER ID        IMAGE               COMMAND
     PORTS               NAMES
1d1c1a547f98        nginx               "nginx -g 'dae
     80/tcp              awesome_rubin
fc4534a5ee3d        nginx               "nginx -g 'dae
     80/tcp              vibrant_wilson
ca993152f0a8        nginx               "nginx -g 'dae
```

图 6-22　查看本地镜像和容器列表

（2）通过 docker stats 查看所有运行容器的资源，如图 6-23 所示。

```
docker stats
```

```
106.12.133.186-京峰教育-线上云主机
CONTAINER ID          NAME                 CPU %
  NET I/O               BLOCK I/O            PIDS
1d1c1a547f98          awesome_rubin        0.00%
  648B / 0B             0B / 0B              2
fc4534a5ee3d          vibrant_wilson       0.00%
  648B / 0B             0B / 0B              2
ca993152f0a8          musing_jang          0.00%
  648B / 0B             1.02MB / 0B          2
```

图 6-23　查看运行容器的资源

（3）通过 docker stats 容器 ID，查看指定容器的资源，如图 6-24 所示。

```
docker stats 1d1c1a547f98
```

图 6-24　Docker 指令操作实战

（4）通过 docker stats 容器 ID，指定参数--no-stream 非流式查看容器资源，操作指令如下：

```
docker stats 1d1c1a547f98 --no-stream
```

（5）获取容器 CPU 的信息，操作指令如下：

```
docker stats 1d1c1a547f98 --no-stream|awk 'NR&gt;1 {print $1,"CPU:"$3}'
```

（6）获取容器 MEM 的信息，操作指令如下：

```
docker stats 1d1c1a547f98 --no-stream|awk 'NR&gt;1 {print $1,"MEM:"$4}'
```

（7）获取容器 I/O 读写的信息，操作指令如下：

```
docker stats 1d1c1a547f98 --no-stream|awk 'NR&gt;1 {print $1,"IO:"$(NF-1)}'
```

如果想看到更为详细的容器属性，还可以通过 netcat 命令，使用 Docker 远程 API 查看。发送一个 HTTP GET 请求/containers/[CONTAINER_NAME]，其中 CONTAINER_NAME 是想要统计的容器名称，从这里可以看到一个容器 stats 请求的完整响应信息。

当然这种方式并不令人满意，大家还是希望能够看到非常直观、详细的可视化界面。

6.8　CAdvisor 监控工具

CAdvisor 是 Google 开发的容器监控工具。CAdvisor 是一个易于设置且非常有用的工具，用户无须登录服务器即可查看资源消耗，而且它还可以生成图表。此外，当集群需要额外的资源时，压力表（Pressure Gauges）可提供快速预览。CAdvisor 是免费、开源的。

CAdvisor 的资源消耗也比较低。但是它也有局限性：它只能监控一个 Docker 主机。因此，如果是多节点，那就比较麻烦，需要在所有的主机上都安装一个 CAdvisor。值得注意的是，如果使用的是 Kubernetes，可以使用 heapster 监控多节点集群。在图表中的数据仅仅是时长 1min 的移动窗口，无法查看长期趋势。资源使用率在危险水平时，它也没有生成警告的机制。

如果在 Docker 节点的资源消耗方面没有任何可视化界面，那么 CAdvisor 是一个不错的步入容器监控的开端。然而，如果打算在容器中运行任何关键任务，那就需要一个更强大的工具或者方法。

6.9　CAdvisor 部署配置

（1）下载 CAdvisor 镜像，操作指令如下：

```
docker pull google/cadvisor
```

（2）基于镜像启动 CAdvisor 容器，操作指令如下：

```
docker run -v /var/run:/var/run:rw -v /sys:/sys:ro -v /var/lib/docker:/
var/lib/docker:ro -p 8080:8080 -d --name cadvisor google/cadvisor
```

（3）浏览器访问 8080，地址为 http://106.12.133.186:8080/containers/，如图 6-25 所示。

（4）查看某个容器的详细资源，如图 6-26 所示。

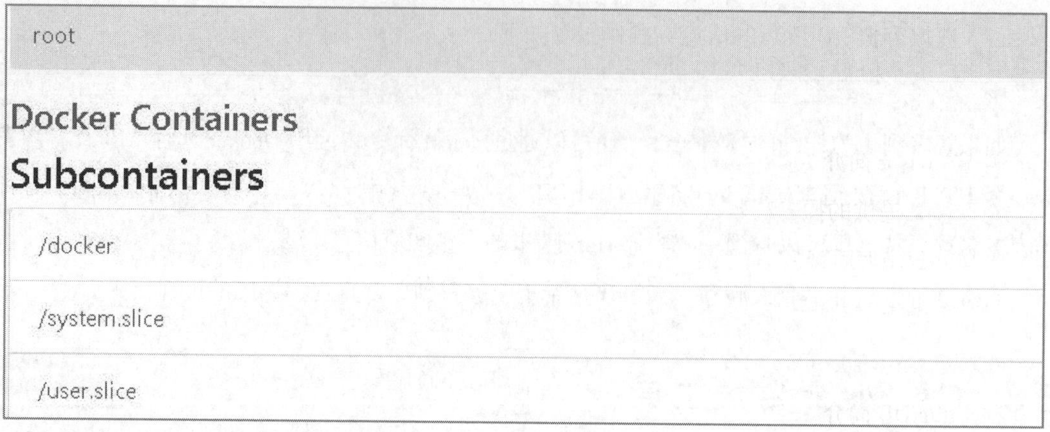

root

Docker Containers

Subcontainers

/docker

/system.slice

/user.slice

图 6-25　CAdvisor 容器资源监控

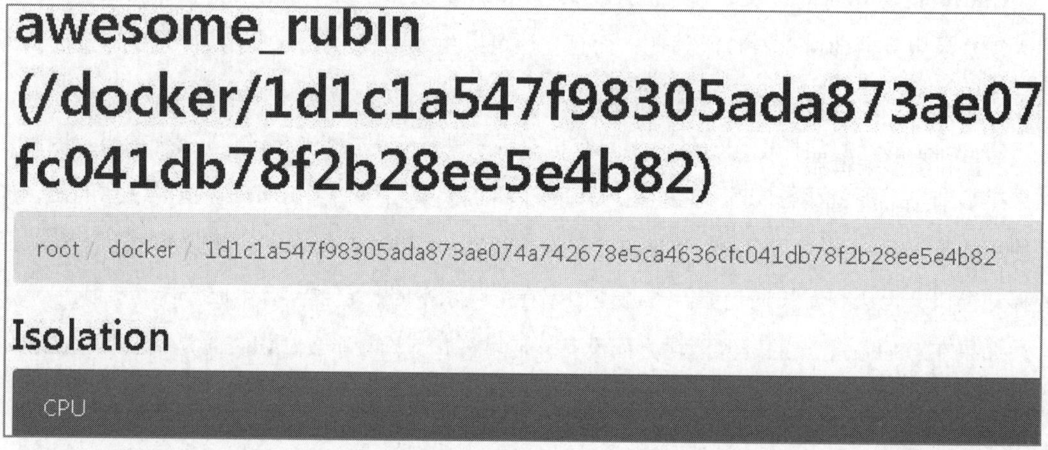

awesome_rubin (/docker/1d1c1a547f98305ada873ae07fc041db78f2b28ee5e4b82)

root / docker / 1d1c1a547f98305ada873ae074a742678e5ca4636cfc041db78f2b28ee5e4b82

Isolation

CPU

（a）

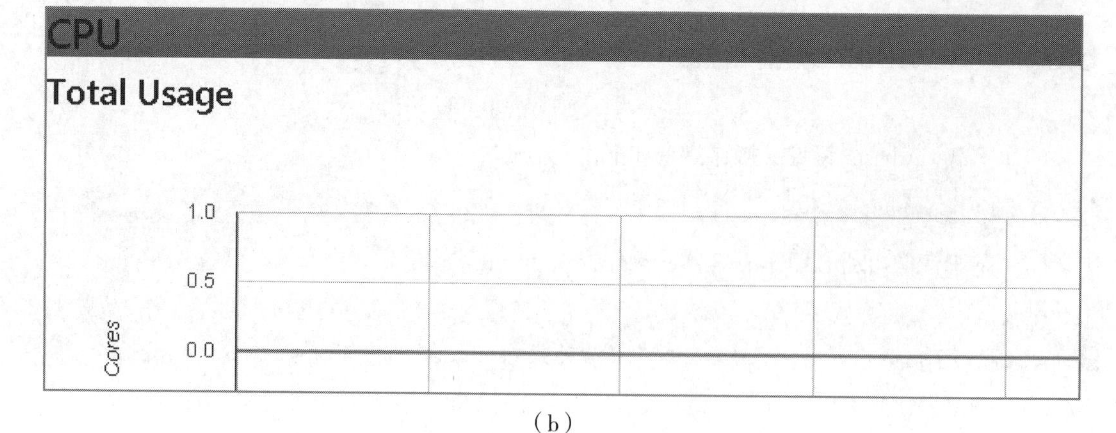

（b）

图 6-26　查看某个容器的详细资源

6.10　构建 CAdvisor+InfluxDB+Grafana 平台

1）CAdvisor 简介

CAdvisor 提供的操作界面略显简陋，且需要在不同页面之间跳转，模拟只能监控一台服务器，这不免会让人质疑其实用性。但 CAdvisor 的一个亮点是它可以将监控到的数据导出给第三方工具，由这些工具进一步加工处理。

可以把 CAdvisor 定位为一个监控数据收集器，收集和导出数据是它的强项，而非展示数据。

2）InfluxDB 简介

InfluxDB 是用 Go 语言编写的一个开源分布式时序、事件和指标数据库，无须外部依赖。类似的数据库有 Elasticsearch、Graphite 等。

3）Grafana

Grafana 是一个可视化面板（Dashboard），有着非常漂亮的图表和布局展示、功能齐全的度量仪表盘和图形编辑器，支持 Graphite、Zabbix、InfluxDB、Prometheus 和 OpenTSDB 作为数据源。Grafana 主要特性：灵活丰富的图形化选项；可以混合多种风格；支持白天和夜间模式，多个数据源。

4）CAdvisor+InfluxDB+Grafana 部署

CAdvisor+InfluxDB+Grafana 单独部署方式比较烦琐，此处采用 Docker-compose 方式部署，首先编写 compose.yml 文件，然后启动 compose 相关容器服务即可。

（1）Docker-compose.yml 文件代码如下：

```
version: '3'services:
    influxdb:
        image: tutum/influxdb:0.9
        container_name: influxdb
        restart: always
        environment:
            - PRE_CREATE_DB=cadvisor
        ports:
            - "8083:8083"
            - "8086:8086"
        expose:
            - "8090"
            - "8099"
```

```
    volumes:
      - influxdbData:/data
  cadvisor:
    image: google/cadvisor
    container_name: cadvisor
    links:
      - influxdb:influxsrv
    command: -storage_driver=influxdb -storage_driver_db=cadvisor
-storage_driver_host=influxsrv:8086
    restart: always
    ports:
      - "8080:8080"
    volumes:
      - /:/rootfs:ro
      - /var/run:/var/run:rw
      - /sys:/sys:ro
      - /var/lib/docker/:/var/lib/docker:ro
  grafana:
    image: grafana/grafana
    container_name: grafana
    restart: always
    links:
      - influxdb:influxsrv
    ports:
      - "3000:3000"
    environment:
      - HTTP_USER=admin
      - HTTP_PASS=admin
      - INFLUXDB_HOST=influxsrv
      - INFLUXDB_PORT=8086
      - INFLUXDB_NAME=cadvisor
      - INFLUXDB_USER=root
      - INFLUXDB_PASS=root

volumes:
  influxdbData:
```

启动 Docker-compose，命令如下：

```
docker-compose up -d
```

（2）Docker-compose 默认会启动三个类别容器，分别为 Grafana、CAdvisor 和 InfluxDB，对外访问 IP+端口如下：

- Grafana：http://106.12.133.186:3000/。
- CAdvisor：http://106.12.133.186:8080/。
- Influxdb：http://106.12.133.186:8086/。

（3）浏览器访问 Grafana Web 界面，默认用户名和密码为 admin/admin，然后选择 add-database source，填写 InfluxDB 数据库的 IP 和端口，数据库名为 cadvisor，用户名和密码为 admin/admin，访问 URL 地址 http://106.12.133.186:3000/login，如图 6-27 所示。

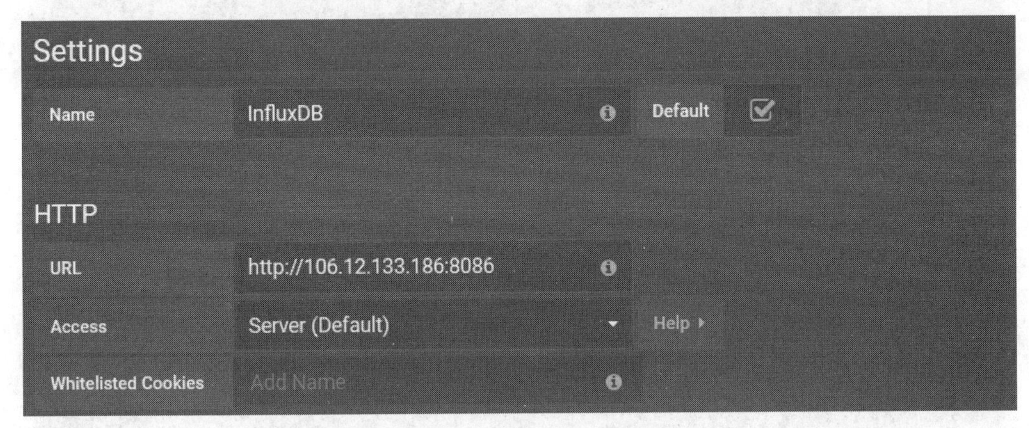

图 6-27 浏览器访问 Grafana Web 界面

（4）创建 Grafana 图像，设置监控项目，例如添加 MEM 内存使用监控，操作方法如图 6-28 所示。

（5）创建 Grafana 图像，设置监控项目，例如添加 CPU 使用监控，操作方法如图 6-29 所示。

（a）

图 6-28 Granafa 资源监控界面

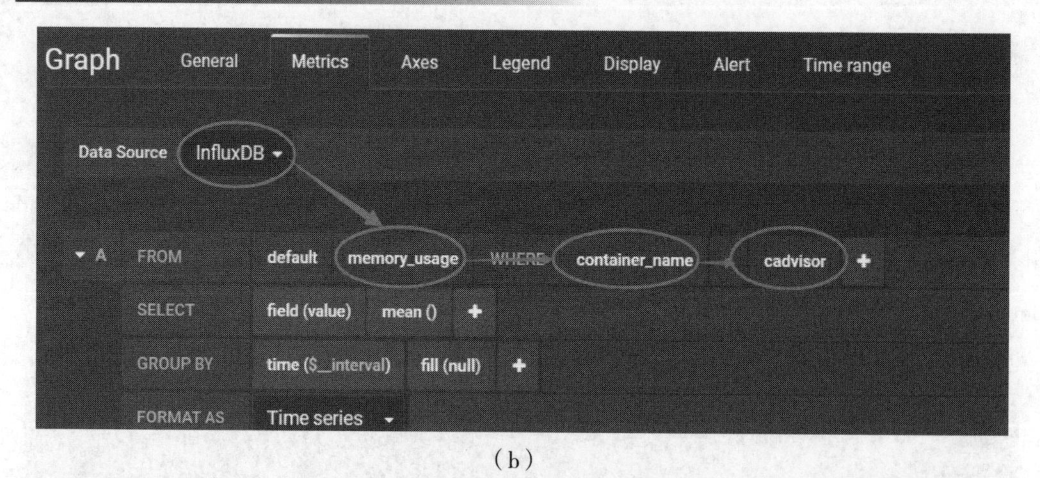

（b）

图 6-28 （续）

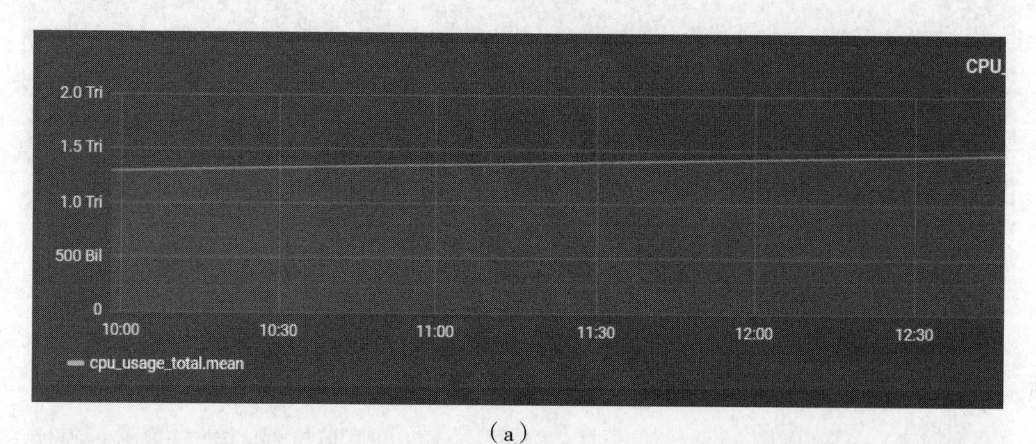

（a）

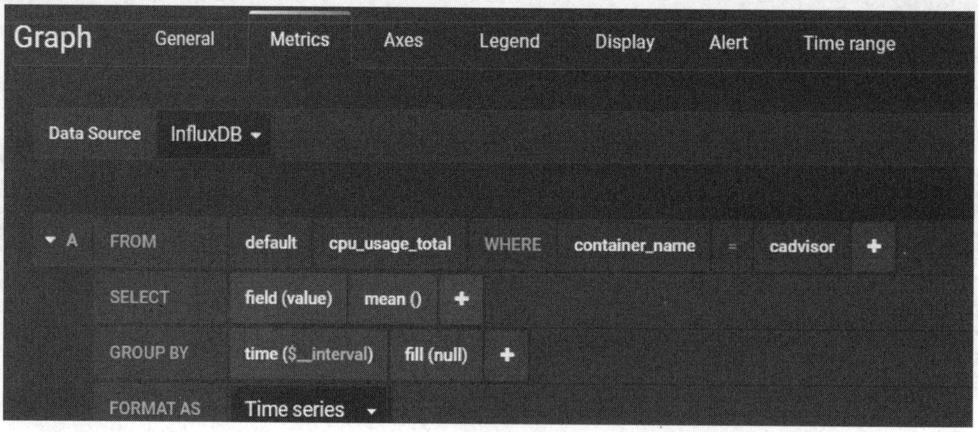

（b）

图 6-29 操作方法示意

第 7 章 Docker Compose 容器编排实战

Docker Compose 是 Docker 官方编排（Orchestration）项目之一，负责快速在集群中部署分布式应用。Compose 定位是 defining and running complex applications with Docker，前身是 Fig，兼容 Fig 的模板文件。

7.1 Docker Compose 概念剖析

学了前面的章节内容，读者应该已经知道 Dockerfile 可以让用户管理一个单独的应用容器，而本章即将学习的 Compose 则是允许用户在一个模板（YAML 格式）中定义一组相关联的应用容器（称为一个 project，即项目）。例如，一台 Web 服务容器关联后端的数据库服务容器等。

Docker Compose 将所管理的容器分为三层，分别是工程（Project）、服务（Service）以及容器（Container）。Docker Compose 运行目录下的所有文件（docker-compose.yml，extends 文件或环境变量文件等）组成一个工程，若无特殊指定工程名即为当前目录名。一个工程当中可包含多个服务，每个服务中定义了容器运行的镜像、参数和依赖。

一个服务当中可包括多个容器实例，Docker Compose 并没有解决负载均衡的问题，因此需要借助其他工具实现服务发现及负载均衡。

Docker Compose 的配置文件默认为“docker-compose.yml”，可通过环境变量 COMPOSE_FILE 或-f 参数自定义。配置文件定义了多个有依赖关系的服务及每个服务运行的容器。

使用 Dockerfile 模板文件，可以让用户很方便地定义一个单独的应用容器。在工作中，经常会碰到需要多个容器相互配合完成某项任务的情况。例如，要实现一个 Web 项目，除了 Web 服务容器本身，往往还需要再加上后端的数据库服务容器，甚至包括负载均衡容器等。

Docker Compose 允许用户通过单独的 docker-compose.yml 模板文件（YAML 格式）定义一组相关联的应用容器为一个项目。

Docker Compose 项目用 Python 语言编写，调用 Docker 服务提供的 API 对容器进行管理。因此，只要所操作的平台支持 Docker API，就可以在其上利用 Compose 进行编排管理。

7.2 Docker Compose 部署安装

安装 Docker Compose 之前，需要先安装 Docker 引擎服务，此处使用 Compose 镜像方式安装 Compose 项目，然后执行如下命令：

```
#下载 Docker Compose 脚本
curl -L https://github.com/docker/compose/releases/download/1.18.0/run.sh >
/usr/local/bin/docker-compose
#添加脚本 x 权限
chmod +x /usr/local/bin/docker-compose
#查看其版本信息
docker-compose --version
ln -s /usr/local/bin/docker-compose /usr/bin/docker-compose
```

7.3 Docker Compose 命令实战

Docker Compose 跟 Docker 客户端一样有很多指令，如表 7-1 所示。

表 7-1 Docker Compose指令操作

命令名称	命令功能	中文备注
build	Build or rebuild services	构建服务
config	Validate and view the Compose file	配置和查看
create	Create services	创建服务
down	Stop and remove containers	停止和移除
exec	Execute a command in a running container	执行命令
help	Get help on a command	帮助命令
images	List images	查看镜像
kill	Kill containers	杀掉容器
logs	View output from containers	查看日志

续表

命令名称	命令功能	中文备注
pause	Pause services	暂停服务
port	Print the public port for a port binding	打印端口
ps	List containers	列出容器
pull	Pull service images	下载镜像
push	Push service images	上传镜像
restart	Restart services	重启服务
rm	Remove stopped containers	删除容器
run	Run a one-off command	运行命令
start	Start services	启动服务
stop	Stop services	停止服务
top	Display the running processes	查看服务进程
up	Create and start containers	启动容器
version	Docker Compose version information	查看版本信息

7.4　Docker Compose 常见概念

1）服务（Service）

一个应用容器，实际上可以运行多个相同镜像的实例。

2）项目（Project）

由一组关联的应用容器组成的一个完整业务单元。

一个项目可以由多个服务（容器）关联而成，Compose 是面向项目进行管理。

7.5　Docker Compose 语法详解

Docker Compose 语法详解如下：

```
version
#指定本 yml 是依从 Compose 哪个版本制定的
build
#指定为构建镜像上下文路径
#例如 webapp 服务，指定为从上下文路径 ./dir/Dockerfile 所构建的镜像
```

```
version: "3"
services:
  webapp:
    build: ./dir
#或者,作为具有在上下文指定的路径的对象,以及可选的 Dockerfile 和 args
version: "3"
services:
  webapp:
    build:
      context: ./dir
      dockerfile: Dockerfile-alternate
      args:
        buildno: 1
      labels:
        - "com.example.description=Accounting webapp"
        - "com.example.department=Finance"
        - "com.example.label-with-empty-value"
      target: prod
#context: 上下文路径
#dockerfile: 指定构建镜像的 Dockerfile 文件名
#args: 添加构建参数,这是只能在构建过程中访问的环境变量
#labels: 设置构建镜像的标签
#target: 多层构建,可以指定构建哪一层
cap_add,cap_drop
#添加或删除容器拥有的宿主机的内核功能
cap_add:
  - ALL                                  #开启全部权限
cap_drop:
  - SYS_PTRACE                           #关闭 ptrace 权限
cgroup_parent
#为容器指定父 cgroup 组,意味着将继承该组的资源限制
cgroup_parent: m-executor-abcd
command
#覆盖容器启动的默认命令
command: ["bundle", "exec", "thin", "-p", "3000"]
container_name
#指定自定义容器名称,而不是生成的默认名称
container_name: my-web-container
depends_on
#设置依赖关系
```

```
#docker-compose up: 以依赖性顺序启动服务。在以下示例中,先启动 DB 和 Redis,才会
#启动 Web
#docker-compose up SERVICE: 自动包含 Service 的依赖项。在以下示例中,docker-
#compose up web 还将创建并启动 DB 和 Redis
#docker-compose stop: 按依赖关系顺序停止服务。在以下示例中,Web 在 DB 和 Redis 之
#前停止
version: "3"
services:
  web:
    build: .
    depends_on:
      - db
      - redis
  redis:
    image: redis
  db:
    image: postgres
#注意: Web 服务不会等待 Redis DB 完全启动之后才启动
deploy
#指定与服务的部署和运行有关的配置。只在 Swarm 模式下才会有用
version: "3"
services:
  redis:
    image: redis:alpine
    deploy:
      mode: replicated
      replicas: 6
      endpoint_mode: dnsrr
      labels:
        description: "This redis service label"
      resources:
        limits:
          cpus: '0.50'
          memory: 50M
        reservations:
          cpus: '0.25'
          memory: 20M
      restart_policy:
        condition: on-failure
        delay: 5s
```

```
        max_attempts: 3
        window: 120s
  #可以选择以下参数
  #endpoint_mode: 访问集群服务的方式
  endpoint_mode: vip
  #Docker 集群服务一个对外的虚拟 IP。所有请求都会通过这个虚拟 IP 到达集群服务内部的机器
  endpoint_mode: dnsrr
  #DNS 轮询（DNSRR）。所有请求会自动轮询获取到集群 IP 列表中的一个 IP 地址
  #labels: 在服务上设置标签。可以用容器上的 labels（跟 deploy 同级的配置）覆盖 deploy
  #下的 labels
  #mode: 指定服务提供的模式
  #replicated: 复制服务，复制指定服务到集群的机器上
  #global: 全局服务，服务将部署至集群的每个节点
  #replicas: mode 为 replicated 时，需要使用此参数配置具体运行的节点数量
  #resources: 配置服务器资源使用的限制，例如上例中，配置 Redis 集群运行需要的 CPU 的百
  #分比和内存的占用，避免占用资源过高出现异常
  #restart_policy: 配置如何在退出容器时重新启动容器
  #condition: 可选 none、on-failure 或 any（默认值为 any）
  #delay: 设置多久之后重启（默认值为 0）
  #max_attempts: 尝试重新启动容器的次数，超出次数则不再尝试（默认值为"一直重试"）
  #window: 设置容器重启超时时间（默认值为 0）
  #rollback_config: 配置在更新失败的情况下应如何回滚服务
  #parallelism: 一次要回滚的容器数。如果设置为 0，则所有容器将同时回滚
  #delay: 每个容器组回滚之间等待的时间（默认为 0s）
  #failure_action: 如果回滚失败，该怎么办。可以设为 continue 或者 pause（默认为 pause）
  #monitor: 每个容器更新后，持续观察是否失败了的时间 (ns|us|ms|s|m|h)（默认为 0s）
  #max_failure_ratio: 在回滚期间可以容忍的故障率（默认为 0）
  #order: 回滚期间的操作顺序。其中一个 stop-first（串行回滚），或者 start-first（并行
  #回滚）（默认为 stop-first）
  #update_config: 配置应如何更新服务，对于配置滚动更新很有用
  #parallelism: 一次更新的容器数
  #delay: 在更新一组容器之间等待的时间
  #failure_action: 如果更新失败，该怎么办。可设为 continue，rollback 或 pause （默
  #认为 pause）
  #monitor: 每个容器更新后，持续观察是否失败了的时间 (ns|us|ms|s|m|h)（默认为 0s）
  #max_failure_ratio: 在更新过程中可以容忍的故障率
  #order: 回滚期间的操作顺序。可设为 stop-first（串行回滚）或 start-first（并行回滚）
  #（默认为 stop-first）
```

```
#注：仅支持 V3.4 及更高版本
devices
#指定设备映射列表
devices:
  - "/dev/ttyUSB0:/dev/ttyUSB0"
dns
#自定义 DNS 服务器,可以是单个值或列表的多个值
dns: 8.8.8.8
dns:
  - 8.8.8.8
  - 9.9.9.9
dns_search
#自定义 DNS 搜索域,可以是单个值或列表
dns_search: example.com
dns_search:
  - dc1.example.com
  - dc2.example.com
entrypoint
#覆盖容器默认的 entrypoint
entrypoint: /code/entrypoint.sh
#也可以是以下格式
entrypoint:
    - php
    - -d
    - zend_extension=/usr/local/lib/php/extensions/no-debug-non-zts-
20100525/xdebug.so
    - -d
    - memory_limit=-1
    - vendor/bin/phpunit
env_file
#从文件添加环境变量,可以是单个值或列表的多个值
env_file: .env
#也可以是列表格式
env_file:
  - ./common.env
  - ./apps/web.env
  - /opt/secrets.env
environment
#添加环境变量。可以使用数组或字典、任何布尔值。布尔值需要用引号引起来,以确保 YML 解析
#器不会将其转换为 True 或 False
```

```
environment:
  RACK_ENV: development
  SHOW: 'true'
expose
#暴露端口,但不映射到宿主机,只被连接的服务访问
#仅可以指定内部端口为参数
expose:
 - "3000"
 - "8000"
extra_hosts
#添加主机名映射。类似 docker client --add-host
extra_hosts:
 - "somehost:162.242.195.82"
 - "otherhost:50.31.209.229"
#以上会在此服务的内部容器中 /etc/hosts 创建一个具有 IP 地址和主机名的映射关系
162.242.195.82  somehost
50.31.209.229   otherhost
healthcheck
#用于检测 Docker 服务是否健康运行
healthcheck:
  test: ["CMD", "curl", "-f", "http://localhost"]          #设置检测程序
  interval: 1m30s                                          #设置检测间隔
  timeout: 10s                                             #设置检测超时时间
  retries: 3                                               #设置重试次数
  start_period: 40s                                        #启动后,多少秒开始启动检测程序
image
#指定容器运行的镜像,以下格式都可以
image: redis
image: ubuntu:14.04
image: tutum/influxdb
image: example-registry.com:4000/postgresql
image: a4bc65fd                                            #镜像 ID
logging
#服务的日志记录配置
#driver: 指定服务容器的日志记录驱动程序,默认值为 json-file,有以下三个选项
driver: "json-file"
driver: "syslog"
driver: "none"
#仅在 json-file 驱动程序下,可以使用以下参数,限制日志的数量和大小
logging:
```

```
  driver: json-file
  options:
    max-size: "200K"                                   #单个文件大小为 200KB
    max-file: "10"                                     #最多 10 个文件
#当达到文件限制上限,会自动删除旧的文件
#syslog 驱动程序下,可以使用 syslog-address 指定日志接收地址
logging:
  driver: syslog
  options:
    syslog-address: "tcp://192.168.0.42:123"
network_mode
#设置网络模式
network_mode: "bridge"
network_mode: "host"
network_mode: "none"
network_mode: "service:[service name]"
network_mode: "container:[container name/id]"
networks
#配置容器连接的网络,引用顶级 networks 下的条目
services:
  some-service:
    networks:
      some-network:
        aliases:
         - alias1
      other-network:
        aliases:
         - alias2
networks:
  some-network:
    #Use a custom driver
    driver: custom-driver-1
  other-network:
    #Use a custom driver which takes special options
    driver: custom-driver-2
#aliases: 同一网络上的其他容器可以使用服务名称或此别名来连接到对应容器的服务
restart
#no: 是默认的重启策略,在任何情况下都不会重启容器
#always: 容器总是重新启动
#on-failure: 在容器非正常退出时(退出状态非 0),才会重启容器
```

```
#unless-stopped：在容器退出时总是重启容器，但是不考虑在 Docker 守护进程启动时就已经
#停止了的容器
restart: "no"
restart: always
restart: on-failure
restart: unless-stopped
#注：Swarm 集群模式，请改用 restart_policy
secrets
#存储敏感数据，例如密码
version: "3.1"
services:
mysql:
  image: mysql
  environment:
    MYSQL_ROOT_PASSWORD_FILE: /run/secrets/my_secret
  secrets:
    - my_secret
secrets:
  my_secret:
    file: ./my_secret.txt
security_opt
#修改容器默认的 schema 标签
security-opt:
  - label:user:USER                         #设置容器的用户标签
  - label:role:ROLE                         #设置容器的角色标签
  - label:type:TYPE                         #设置容器的安全策略标签
  - label:level:LEVEL                       #设置容器的安全等级标签
stop_grace_period
#指定在容器无法处理 SIGTERM （或者任何 stop_signal 的信号），等待多久后发送 SIGKILL
#信号关闭容器
stop_grace_period: 1s                       #等待 1s
stop_grace_period: 1m30s                    #等待 1min30s
#默认的等待时间是 10s
stop_signal
#设置停止容器的替代信号。默认情况下使用 SIGTERM
#以下示例中，使用 SIGUSR1 替代信号 SIGTERM 来停止容器
stop_signal: SIGUSR1
sysctls
#设置容器中的内核参数，可以使用数组或字典格式
sysctls:
```

```
    net.core.somaxconn: 1024
    net.ipv4.tcp_syncookies: 0

  sysctls:
    - net.core.somaxconn=1024
    - net.ipv4.tcp_syncookies=0
  tmpfs
  #在容器内安装一个临时文件系统。可以是单个值或列表的多个值
  tmpfs: /run
  tmpfs:
    - /run
    - /tmp
  ulimits
  #覆盖容器默认的 ulimit
  ulimits:
    nproc: 65535
    nofile:
      soft: 20000
      hard: 40000
  volumes
  #将主机的数据卷或文件挂载到容器里
  version: "3"
  services:
    db:
      image: postgres:latest
      volumes:
        - "/localhost/postgres.sock:/var/run/postgres/postgres.sock"
        - "/localhost/data:/var/lib/postgresql/data"
```

7.6 Docker Compose Nginx 案例一

基于 Docker Compose 构建 Nginx 容器，并实现发布目录映射，通过浏览器实现访问，操作步骤如下。

（1）编写 docker-compose.yml 文件，内容如下：

```
version: "3"
services:
  nginx:
    container_name: www-nginx
    image: nginx:latest
```

```
    restart: always
    ports:
      - 80:80
    volumes:
    - /data/webapps/www/:/usr/share/nginx/html/
```

（2）创建发布目录/data/webapps/www/，并在发布目录新建 index.html 页面，命令如下：

```
mkdir -p /data/webapps/www/
echo "<h1>www.jfedu.net Nginx Test pages.</h1>" >>/data/webapps/www/index.
html
```

（3）启动和运行 Docker Compose，启动 Nginx 容器，命令如下，如图 7-1 所示。

```
docker-compose up -d
```

```
[root@www-jfedu-net-186 compose]#
[root@www-jfedu-net-186 compose]# docker-compose up -d
Creating network "compose_default" with the default driver
Pulling nginx (nginx:latest)...
latest: Pulling from library/nginx
6ae821421a7d: Pull complete
da4474e5966c: Pull complete
eb2aec2b9c9f: Pull complete
Creating www-nginx ...
Pulling nginx (nginx:latest)...
Creating www-nginx ... done
[root@www-jfedu-net-186 compose]#
```

图 7-1　Docker Compose 启动服务

（4）通过浏览器访问宿主机 80 端口，即可访问 Nginx 容器，如图 7-2 所示。

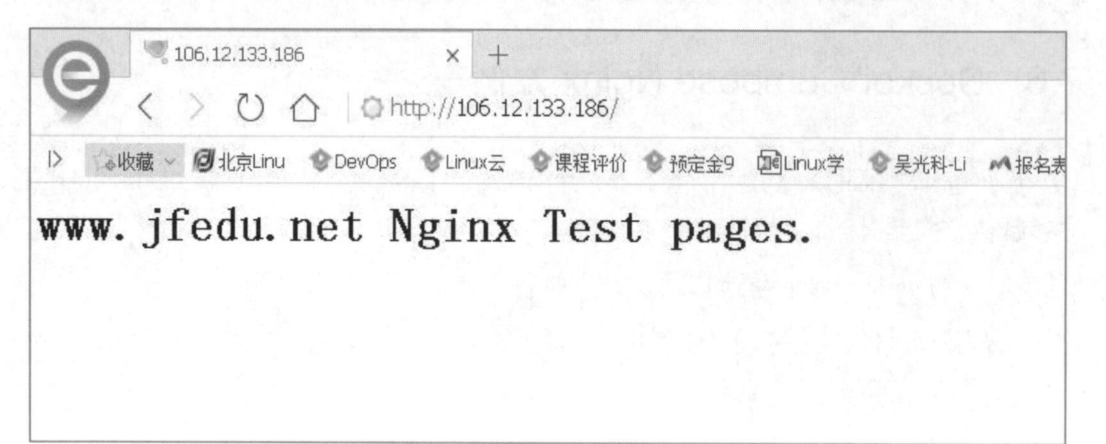

图 7-2　Docker Compose 案例实战 1

（5）docker-compose.yml 内容剖析如下：

```
version：版本号,通常写 2 和 3 版本
service：Docker 容器服务名称
container_name：容器的名称
restart：设置为 always,容器在停止的情况下总是重启
image：Docker 官方镜像上找到最新版的镜像
ports：容器自己运行的端口号和需要暴露的端口号
volumes：数据卷。表示数据、配置文件等存放的位置（- . 这个表示 docker-compose.yml
当前目录）
```

7.7　Docker Compose Redis 案例二

基于 Docker Compose 构建 Redis 容器，并通过客户端访问 Redis 6379 端口即可，操作步骤如下。

（1）编写 docker-compose.yml 文件，内容如下：

```
version: "3"
services:
  redis:
    image: redis:latest
    container_name: redis
    ports:
      - "16379:6379"
    environment:
      - TZ="Asia/Shanghai"
    volumes:
      - /data:/data
    command: /usr/local/bin/redis-server
```

（2）redis.conf 配置文件，代码如下：

```
requirepass 123456
appendonly yes
daemonize no
```

（3）启动和运行 Docker Compose，启动 Redis 容器，命令如下，如图 7-3 所示。

```
docker-compose up -d
```

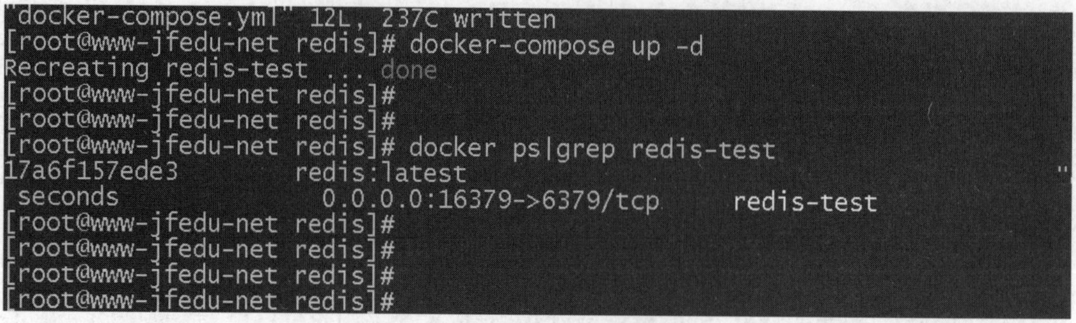

```
"docker-compose.yml" 12L, 237C written
[root@www-jfedu-net redis]# docker-compose up -d
Recreating redis-test ... done
[root@www-jfedu-net redis]#
[root@www-jfedu-net redis]#
[root@www-jfedu-net redis]# docker ps|grep redis-test
17a6f157ede3        redis:latest
 seconds              0.0.0.0:16379->6379/tcp      redis-test
[root@www-jfedu-net redis]#
[root@www-jfedu-net redis]#
[root@www-jfedu-net redis]#
[root@www-jfedu-net redis]#
```

图 7-3　Docker Compose 案例实战 2

7.8　Docker Compose Tomcat 案例三

基于 Docker Compose 构建 Nginx 容器和 Tomcat 容器，并且实现 Nginx 和 Tomcat 发布目录映射，同时实现 Nginx 均衡 Tomcat 服务，通过浏览器访问 Nginx 80 端口即访问 Tomcat 的 8080 端口，操作步骤如下。

（1）编写 docker-compose.yml 文件，内容如下：

```
version: "3"
services:
 tomcat01:
   container_name: tomcat01
   image: tomcat:latest
   restart: always
   ports:
     - 8080
 tomcat02:
   container_name: tomcat02
   image: tomcat:latest
   restart: always
   ports:
     - 8080
 nginx:
   container_name: www-nginx
   image: nginx:latest
   restart: always
   ports:
```

```
      - 80:80
    volumes:
      - /data/webapps/www/:/usr/share/nginx/html/
      - ./default.conf:/etc/nginx/conf.d/default.conf
    links:
      - tomcat01
      - tomcat02
```

（2）创建发布目录/data/webapps/www/，并在发布目录新建 index.html 页面，命令如下：

```
mkdir -p /data/webapps/www/
echo "<h1>www.jfedu.net Nginx Test pages.</h1>" >>/data/webapps/www/index.
html
```

（3）创建 Nginx 默认配置文件 default.conf，内容如下：

```
upstream tomcat_web {
        server tomcat01:8080 max_fails=2 fail_timeout=15;
        server tomcat02:8080 max_fails=2 fail_timeout=15;
}
server {
    listen       80;
    server_name  localhost;
    location / {
        root   /usr/share/nginx/html;
        index  index.html index.htm;
        proxy_pass http://tomcat_web;
        proxy_set_header host $host;
    }
    error_page   500 502 503 504  /50x.html;
    location=/50x.html {
        root   /usr/share/nginx/html;
    }
}
```

（4）启动 Docker Compose，命令如下，如图 7-4 所示。

```
docker-compose up -d
```

```
[root@www-jfedu-net-186 compose]# ls
default.conf  docker-compose.yml
[root@www-jfedu-net-186 compose]# docker-compose up -
Creating network "compose_default" with the default d
Creating tomcat01 ... done
Creating tomcat02 ... done
Creating www-nginx ... done
[root@www-jfedu-net-186 compose]#
```

（a）

```
Creating tomcat02 ... done
Creating www-nginx ... done
[root@www-jfedu-net-186 compose]# docker ps
CONTAINER ID        IMAGE                    COMMAND
     PORTS                   NAMES
6b66efeef61b        nginx:latest             "nginx -g 'dae
     0.0.0.0:80->80/tcp      www-nginx
8494d9f97807        tomcat:latest            "catalina.sh r
     0.0.0.0:1028->8080/tcp   tomcat01
5c17437cde49        tomcat:latest            "catalina.sh r
     0.0.0.0:1027->8080/tcp   tomcat02
[root@www-jfedu-net-186 compose]#
```

（b）

图 7-4　Docker Compose 案例实战 3

（5）通过浏览器直接访问 Nginx 容器，默认访问宿主机的 80 端口即可，如图 7-5 所示。

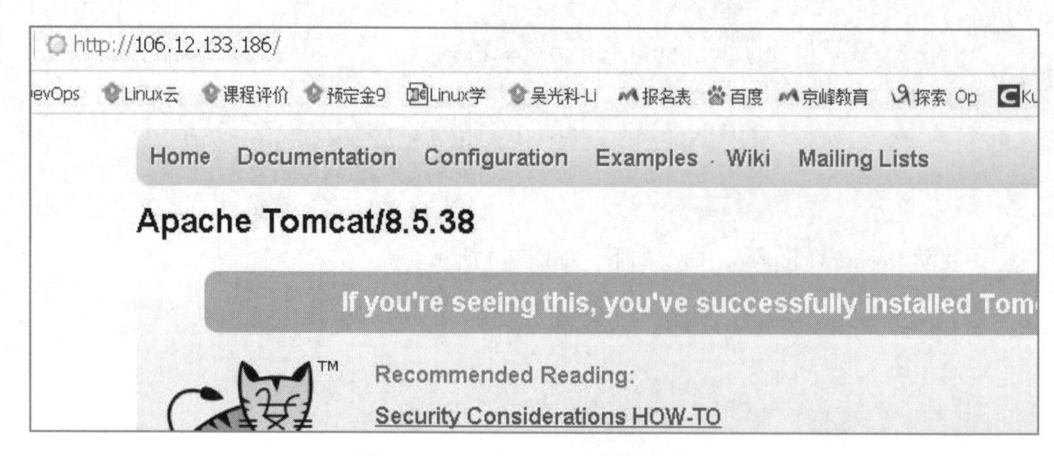

图 7-5　Docker Compose 案例实战 4

（6）查看运行的 Docker 容器引用的状态和进程信息，命令如下，如图 7-6 所示。

```
docker-compose ps
docker-compose top
```

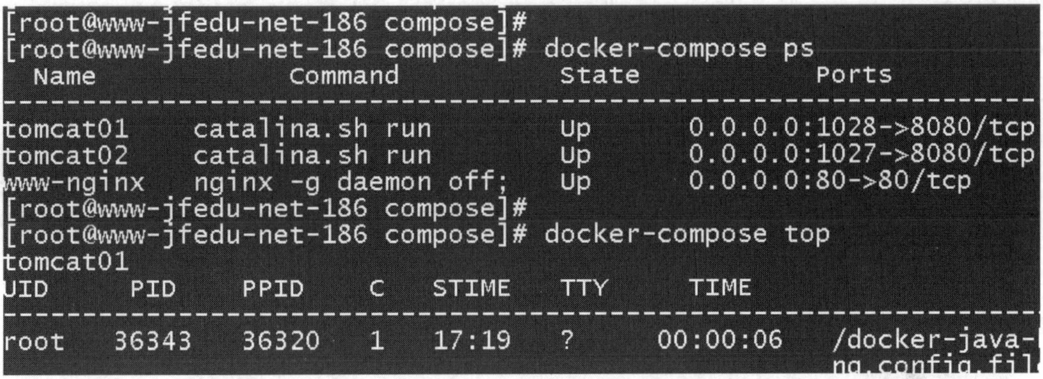

```
[root@www-jfedu-net-186 compose]#
[root@www-jfedu-net-186 compose]# docker-compose ps
  Name              Command              State              Ports
-------------------------------------------------------------------
tomcat01    catalina.sh run         Up      0.0.0.0:1028->8080/tcp
tomcat02    catalina.sh run         Up      0.0.0.0:1027->8080/tcp
www-nginx   nginx -g daemon off;    Up      0.0.0.0:80->80/tcp
[root@www-jfedu-net-186 compose]#
[root@www-jfedu-net-186 compose]# docker-compose top
tomcat01
UID     PID     PPID     C   STIME    TTY     TIME
-------------------------------------------------------------------
root   36343   36320    1   17:19    ?      00:00:06    /docker-java-
                                                        ng.config.fil
```

图 7-6　Docker Compose 案例实战 5

7.9　Docker Compose RocketMQ 案例四

基于 Docker Compose 构建 MQ 容器，并且通过客户端访问 MQ 8080 Web 端口即可，操作步骤如下。

（1）编写 docker-compose.yml 文件，内容如下：

```
version: "3"
services:
  rmqnamesrv:
    image: foxiswho/rocketmq:server
    container_name: rmqnamesrv
    ports:
      - 9876:9876
    volumes:
      - ./data/logs:/opt/logs
      - ./data/store:/opt/store
  rmqbroker:
    image: foxiswho/rocketmq:broker
    container_name: rmqbroker
    ports:
      - 10909:10909
      - 10911:10911
```

```
    volumes:
      - ./data/logs:/opt/logs
      - ./data/store:/opt/store
      - ./broker.conf:/etc/rocketmq/broker.conf
    environment:
        NAMESRV_ADDR: "rmqnamesrv:9876"
        JAVA_OPTS: " -Duser.home=/opt"
        JAVA_OPT_EXT: "-server -Xms128m -Xmx128m -Xmn128m"
    command: mqbroker -c /etc/rocketmq/broker.conf
    depends_on:
      - rmqnamesrv
  rmqconsole:
    image: styletang/rocketmq-console-ng
    container_name: rmqconsole
    ports:
      - 8080:8080
    environment:
        JAVA_OPTS: "-Drocketmq.namesrv.addr=rmqnamesrv:9876 -Dcom.rocketmq.
sendMessageWithVIPChannel=false"
    depends_on:
      - rmqnamesrv
```

（2）broker.conf 配置文件，代码如下：

```
# Licensed to the Apache Software Foundation (ASF) under one or more
# contributor license agreements.  See the NOTICE file distributed with
# this work for additional information regarding copyright ownership.
# The ASF licenses this file to You under the Apache License, Version 2.0
# (the "License"); you may not use this file except in compliance with
# the License.  You may obtain a copy of the License at
#
#     http://www.apache.org/licenses/LICENSE-2.0
#
#  Unless required by applicable law or agreed to in writing, software
#  distributed under the License is distributed on an "AS IS" BASIS,
#  WITHOUT WARRANTIES OR CONDITIONS OF ANY KIND, either express or implied.
#  See the License for the specific language governing permissions and
#  limitations under the License.


# 所属集群名字
brokerClusterName=DefaultCluster
```

```
#broker 名字,注意此处不同的配置文件填写的不一样,如果在 broker-a.properties 使用:
#broker-a,
#在 broker-b.properties 使用: broker-b
brokerName=broker-a

#0 表示 Master,>0 表示 Slave
brokerId=0

#nameServer 地址,以分号分隔
namesrvAddr=rocketmq-nameserver1:9876;rocketmq-nameserver2:9876

#启动 IP,如果 docker 报
com.alibaba.rocketmq.remoting.exception.Remoting
#ConnectException: connect to <192.168.0.120:10909> failed
#解决方式 1 加上一句 producer.setVipChannelEnabled(false);,解决方式 2
#brokerIP1 设置宿主机 IP,不要使用 Docker 内部 IP
#brokerIP1=192.168.0.253

#在发送消息时,自动创建服务器不存在的 Topic,默认创建的队列数
defaultTopicQueueNums=4

#是否允许 Broker 自动创建 Topic,建议线下开启,线上关闭。这里是 false
autoCreateTopicEnable=true

#是否允许 Broker 自动创建订阅组,建议线下开启,线上关闭
autoCreateSubscriptionGroup=true

#Broker 对外服务的监听端口
listenPort=10911

#删除文件时间点,默认为凌晨 4 点
deleteWhen=04

#文件保留时间,默认为 48 小时
fileReservedTime=120

#commitLog 每个文件的大小默认为 1GB
mapedFileSizeCommitLog=1073741824

#ConsumeQueue 每个文件默认存 30 万条,根据业务情况调整
```

```
mapedFileSizeConsumeQueue=300000

#destroyMapedFileIntervalForcibly=120000
#redeleteHangedFileInterval=120000
#检测物理文件磁盘空间
diskMaxUsedSpaceRatio=88
#存储路径
#storePathRootDir=/home/ztztdata/rocketmq-all-4.1.0-incubating/store
#commitLog 存储路径
#storePathCommitLog=/home/ztztdata/rocketmq-all-4.1.0-incubating/store/
#commitLog
#消费队列存储
#storePathConsumeQueue=/home/ztztdata/rocketmq-all-4.1.0-incubating/
#store/consumequeue
#消息索引存储路径
#storePathIndex=/home/ztztdata/rocketmq-all-4.1.0-incubating/store/index
#checkpoint 文件存储路径
#storeCheckpoint=/home/ztztdata/rocketmq-all-4.1.0-incubating/store/
#checkpoint
#abort 文件存储路径
#abortFile=/home/ztztdata/rocketmq-all-4.1.0-incubating/store/abort
#限制的消息大小
maxMessageSize=65536

#flushCommitLogLeastPages=4
#flushConsumeQueueLeastPages=2
#flushCommitLogThoroughInterval=10000
#flushConsumeQueueThoroughInterval=60000

#Broker 的角色
#- ASYNC_MASTER 异步复制 Master
#- SYNC_MASTER 同步双写 Master
#- SLAVE
brokerRole=ASYNC_MASTER

#刷盘方式
#- ASYNC_FLUSH 异步刷盘
#- SYNC_FLUSH 同步刷盘
flushDiskType=ASYNC_FLUSH

#发消息线程池数量
```

```
#sendMessageThreadPoolNums=128
#拉消息线程池数量
#pullMessageThreadPoolNums=128
```

（3）启动和运行 Docker Compose，启动 Nginx 容器，如图 7-7 所示。

```
docker-compose up -d
```

```
[root@www-jfedu-net mq]# docker-compose up -d
rmqnamesrv is up-to-date
rmqconsole is up-to-date
Starting rmqbroker ... done
[root@www-jfedu-net mq]#
[root@www-jfedu-net mq]# ls -l
total 16
-rw-r--r-- 1 root root 3496 Apr  2 16:33 broken.conf
drwxr-xr-x 2 root root 4096 Apr  2 16:50 broker.conf
drwxr-xr-x 4 root root 4096 Apr  2 16:50 data
-rw-r--r-- 1 root root  979 Apr  2 16:35 docker-compose.yaml
```

（a）

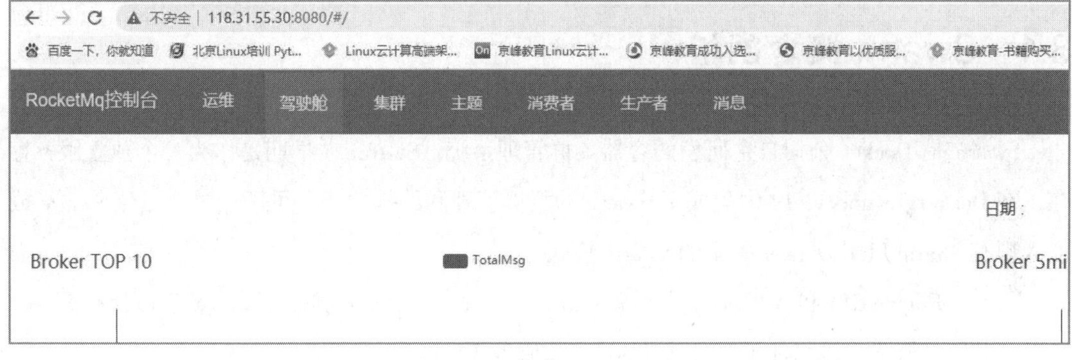

（b）

图 7-7　Docker Compose 案例实战 6

第 8 章 Docker Swarm 集群案例实战

Docker Swarm 和 Docker Compose 一样，都是 Docker 官方容器编排项目。不同的是，Docker Compose 是一个在单个服务器或主机上创建多个容器的工具，而 Docker Swarm 则可以在多个服务器或主机上创建容器集群服务，对于微服务的部署，显然 Docker Swarm 会更加适合。

8.1 Swarm 概念剖析

Swarm 是 Docker 公司自主研发的容器集群管理系统。Swarm 在早期是作为一个独立服务存在，在 Docker Engine v1.12 中集成了 Swarm 的集群管理和编排功能，可以通过初始化 Swarm 或加入现有 Swarm 启用 Docker 引擎的 Swarm 模式。

Docker Engine CLI 和 API 包括了管理 Swarm 节点命令，比如添加、删除节点，以及在 Swarm 中部署和编排服务，也增加了服务栈（Stack）、服务（Service）、任务（Task）的概念。

Swarm 集群管理和任务编排功能已经集成到了 Docker 引擎中，称为 SwarmKit。SwarmKit 是一个独立的、专门用于 Docker 容器编排的项目，可以直接在 Docker 上使用。

Swarm 集群由多个运行 Swarm 模式的 Docker 主机组成，关键的是，Docker 默认集成了 Swarm mode。Swarm 集群中有 Manager（管理成员关系和选举）、Worker（运行 Swarm Service）。

一个 Docker 主机可以是 Manager，也可以是 Worker 角色，当然，也可以既是 Manager，同时也是 Worker。

当创建一个 Service 时，就定义了它的理想状态（副本数、网络、存储资源、对外暴露的端口等）。Docker 会维持它的状态，例如，如果一个 Worker 节点不可用了，Docker 会调度不可用节点的任务到其他节点上。

运行在容器中的一个任务，是 Swarm Service 的一部分，且通过 Swarm Manager 进行管理和调度，和独立的容器是截然不同的。

Swarm Service 相比单容器的一个最大优势就是，用户能够修改一个服务的配置，包括网络和数据卷，不需要手动重启服务。Docker 会更新配置，把过期配置的任务停掉，重新创建一个新配置的容器。

当然，某些场景下 Docker Compose 也能做与 Swarm 类似的事情，但是 Swarm 相比 Docker Compose，功能更加丰富，比如可以自动扩容、缩容，分配任务到不同的节点等。

一个节点是 Swarm 集群中的一个 Docker 引擎实例。也可以认为这就是一个 Docker 节点。可以在单台物理机或云服务器上运行一个或多个节点，但是在生产环境中，典型的部署方式是：Docker 节点交叉分布式部署在多台物理机或云主机上。

通过 Swarm 部署一个应用，向 Manager 节点提交一个 Service，然后 Manager 节点分发工作（Task）给 Worker Node。Manager 节点同时也会容器编排和集群管理功能，它会选举出一个 Leader 指挥编排任务。Worker 节点接受和执行从 Manager 分发过来的任务。

一般地，Manager 节点同时也是 Worker 节点，但是，也可以将 Manager 节点配置成只进行管理的功能。Agent 则运行在每个 Worker 节点上，时刻准备接受任务。Worker 节点会上报 Manager 节点分配给它的任务当前状态，这样 Manager 节点才能维持每个 Worker 的工作状态。

Service 就是在 Manager 或 Worker 节点上定义的 Tasks。Service 是 Swarm 系统最核心的架构，同时也是和 Swarm 最主要的交互者。

在副本集模式下，Swarm Manager 将会基于扩容的需求，把任务分发到各个节点。对于全局 Service，Swarm 会在每个可用节点上运行一个任务。

任务携带 Docker 引擎和一组命令让其运行在容器中。它是 Swarm 的原子调度单元。Manager 节点在扩容的时候会交叉分配任务到各个节点上，一旦一个任务分配到一个节点，它就不能再移动到其他节点。

8.2　Docker Swarm 的优点

1）Docker Engine 集成集群管理

使用 Docker Engine CLI 创建一个 Docker Engine 的 Swarm 模式，在集群中部署应用程序服务。

2）去中心化设计

Swarm 角色分为 Manager 和 Worker 节点，Manager 节点故障不影响应用使用。

3）扩容缩容

可以声明每个服务运行的容器数量，通过添加或删除容器数自动调整期望的状态。

4）期望状态协调

Swarm Manager 节点不断监视集群状态，并调整当前状态与期望状态之间的差异。

5）多主机网络

可以为服务指定 overlay 网络。当初始化或更新应用程序时，Swarm Manager 会自动为 overlay 网络上的容器分配 IP 地址。

6）服务发现

Swarm Manager 节点为集群中的每个服务分配唯一的 DNS 记录和负载均衡 VIP。可以通过 Swarm 内置的 DNS 服务器查询集群中每个运行的容器。

7）负载均衡

实现服务副本负载均衡，提供入口访问。

8）安全传输

Swarm 中的每个节点使用 TLS 相互验证和加密，确保安全的其他节点通信。

9）滚动更新

升级时，逐步将应用服务更新到节点，如果出现问题，可以将任务回滚到先前版本。

8.3 Swarm 负载均衡

Swarm Manager 使用 ingress 负载均衡暴露需要让外部访问的服务。Swarm Manager 能够自动分配一个外部端口到 Service，当然，用户也能够配置一个外部端口，可以指定任意没有使用的端口，如果不指定，那么 Swarm Manager 会给 Service 指定 30000～32767 中任意一个端口。

Swarm 模式有一个内部的 DNS 组件，它能够在 Swarm 里面自动分发每个服务。Swarm Manager 使用内部负载均衡机制接收集群中节点的请求，基于 DNS 名字解析实现。

8.4　Swarm 架构图

Docker Swarm 结构如图 8-1 所示。

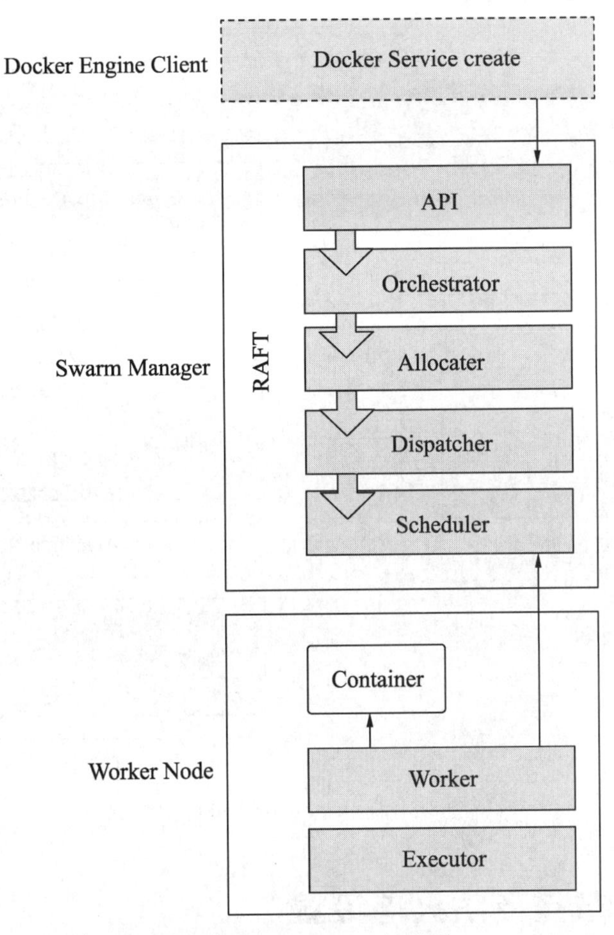

图 8-1　Docker Swarm 结构图

Swarm Manager 各部分功能详解如下。

（1）API：接受命令，创建一个 Service（API 输入）。

（2）Orchestrator：Service 对象创建的 Task 进行编排工作（编排）。

（3）Allocater：为各个 Task 分配 IP 地址（分配 IP）。

（4）Dispatcher：将 Task 分发到 Node（分发任务）。

（5）Scheduler：安排一个 Worker 运行 Task（运行任务）。

Worker Node 功能详解如下。

（1）Worker：连接到分发器接受指定的 Task。

（2）Executor：将 Task 指派到对应的 Worker 节点。

Swarm Manager 创建 1 个拥有 3 个 Nginx 副本集的 Service，它会将 Task 分配到对应的 Node，如图 8-2 所示。

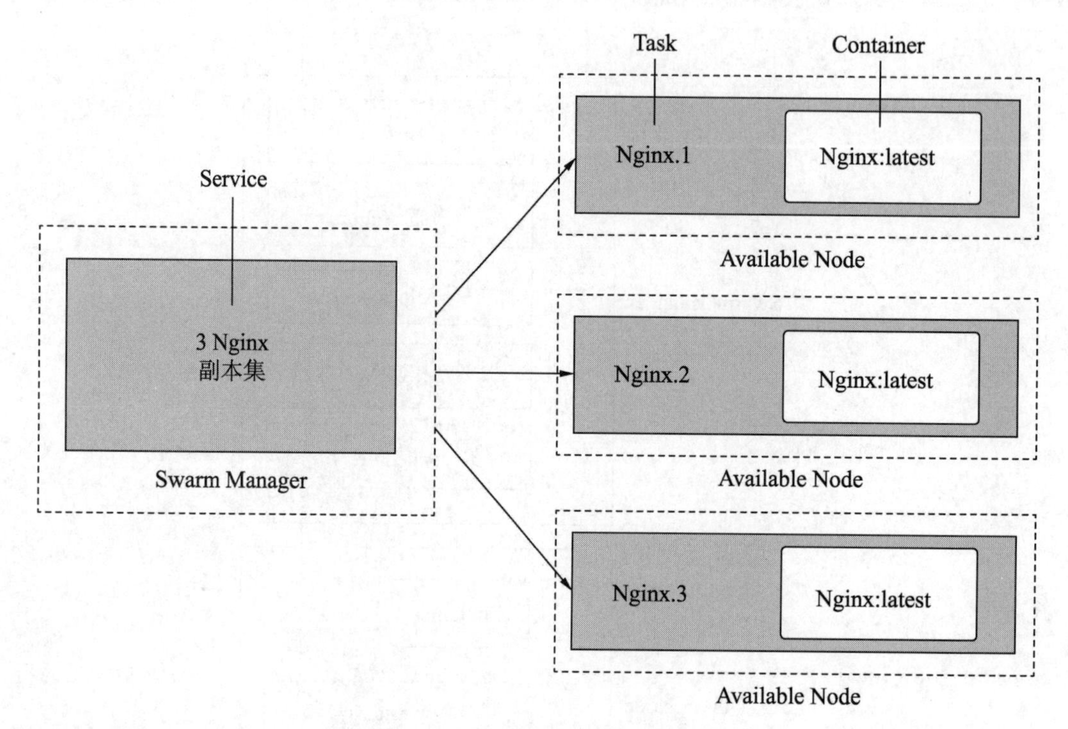

图 8-2　Docker Swarm Nginx 案例

8.5　Swarm 节点及防火墙设置

Swarm 集群配置环境如表 8-1 所示。

表 8-1　Swarm集群配置环境

集 群 角 色	宿主机IP	宿主机系统	Docker版本
Manager	192.168.1.145	CentOS 7.6	20.10.6
Node1	192.168.1.123	CentOS 7.6	20.10.6
Node2	192.168.1.147	CentOS 7.6	20.10.6

对Manager、Node1、Node2节点进行如下配置：

```
#添加hosts解析
cat >/etc/hosts<<EOF
127.0.0.1 localhost localhost.localdomain
192.168.1.145 manager
192.168.1.123 node1
192.168.1.147 node2
EOF
#临时关闭SELinux和防火墙
sed -i '/SELINUX/s/enforcing/disabled/g'  /etc/sysconfig/selinux
setenforce  0
systemctl   stop    firewalld.service
systemctl   disable   firewalld.service
#同步节点时间
yum install ntpdate -y
ntpdate  pool.ntp.org
#修改对应节点主机名
hostname 'cat /etc/hosts|grep $(ifconfig|grep broadcast|awk '{print
$2}')|awk '{print $2}'';su
#关闭swapoff
swapoff -a
```

8.6 Docker虚拟化案例实战

相关代码如下：

```
#安装依赖软件包
yum install -y yum-utils device-mapper-persistent-data lvm2
#添加Docker repository,这里使用国内阿里云yum源
yum-config-manager --add-repo http://mirrors.aliyun.com/docker-ce/linux/
centos/docker-ce.repo
#安装docker-ce,这里直接安装最新版本
yum install -y docker-ce
#修改Docker配置文件
mkdir /etc/docker
cat > /etc/docker/daemon.json <<EOF
{
  "exec-opts": ["native.cgroupdriver=systemd"],
  "log-driver": "json-file",
```

```
  "log-opts": {
    "max-size": "100m"
  },
  "storage-driver": "overlay2",
  "storage-opts": [
    "overlay2.override_kernel_check=true"
  ],
  "registry-mirrors": ["https://uyah70su.mirror.aliyuncs.com"]
}
EOF
#注意,由于国内拉取镜像较慢,配置文件最后增加了 registry-mirrors
mkdir -p /etc/systemd/system/docker.service.d
sed -i '/^ExecStart/s/dockerd/dockerd -H tcp:\/\/0.0.0.0:2375/g' /usr/lib/
systemd/system/docker.service
#重启 Docker 服务
systemctl daemon-reload
systemctl enable docker.service
systemctl restart docker.service
ps -ef|grep -aiE docker
```

8.7 Swarm 集群部署

（1）根据以上步骤，Docker 平台准备工作完成，接下来部署 Swarm 集群，在 Manager 节点初始化集群，操作指令如下，如图 8-3 所示。

```
docker swarm init --advertise-addr 192.168.1.145
```

```
[root@manager ~]#
[root@manager ~]#
[root@manager ~]# docker swarm init --advertise-addr 192.168.1.145
Swarm initialized: current node (y6fnqz8mys9mvzmdkn038w2ii) is now a manager.

To add a worker to this swarm, run the following command:

    docker swarm join --token SWMTKN-1-5lioovnms9y4zyctzj6g8npam1lrntiotpkzwlselo5kpk7h0t-

To add a manager to this swarm, run 'docker swarm join-token manager' and follow the instr

[root@manager ~]#
[root@manager ~]#
[root@manager ~]#
```

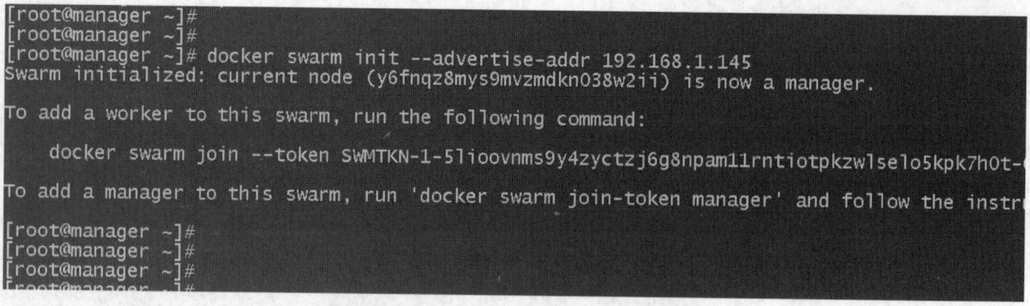

图 8-3　Docker Swarm 初始化集群

（2）将 Node1 节点加入 Swarm 集群，操作指令如下：

```
docker swarm join --token SWMTKN-1-5lioovnms9y4zyctzj6g8npam1lrntiotpkz
wlselo5kpk7h0t-09et4wl0hpr5zphkjnmecx470 192.168.1.145:2377
```

（3）将 Node2 节点加入 Swarm 集群，操作指令如下：

```
docker swarm join --token SWMTKN-1-5lioovnms9y4zyctzj6g8npam1lrntiotpkzw
lselo5kpk7h0t-09et4wl0hpr5zphkjnmecx470 192.168.1.145:2377
```

（4）查看 Swarm 集群 Node 状态，操作指令如下，如图 8-4 所示。

```
docker node ls
```

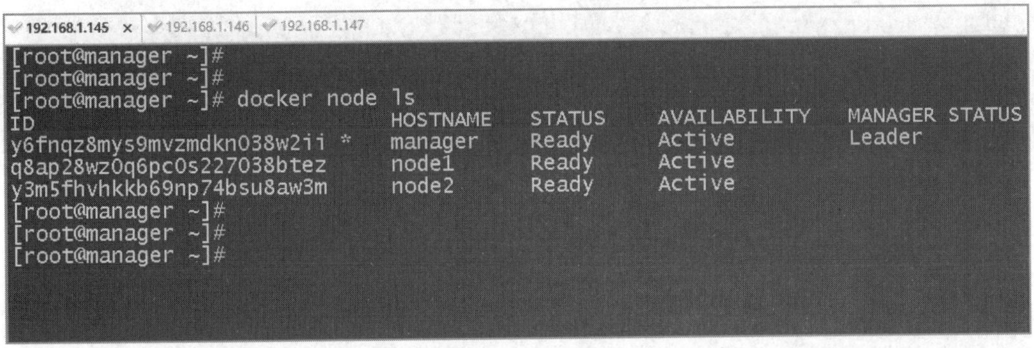

```
192.168.1.145 × | 192.168.1.146 | 192.168.1.147
[root@manager ~]#
[root@manager ~]#
[root@manager ~]# docker node ls
ID                            HOSTNAME   STATUS    AVAILABILITY   MANAGER STATUS
y6fnqz8mys9mvzmdkn038w2ii *   manager    Ready     Active         Leader
q8ap28wz0q6pc0s227038btez     node1      Ready     Active
y3m5fhvhkkb69np74bsu8aw3m     node2      Ready     Active
[root@manager ~]#
[root@manager ~]#
[root@manager ~]#
```

图 8-4　Docker Swarm 查看 Node 状态

8.8　Swarm 部署 Nginx 服务

（1）基于 Swarm 集群创建 Nginx Web 服务，操作指令如下：

```
docker service create --replicas 1 --name nginx-test nginx:latest
```

其中，--replicas 表示副本集数，--name 表示服务名称。

（2）查看 Nginx 服务，当前运行在 Node2 上，操作指令如下，如图 8-5 所示。

```
docker service ps nginx-test
```

```
[root@manager ~]# docker service rm nginx-test
nginx-test
[root@manager ~]#
[root@manager ~]#
[root@manager ~]# docker service create --replicas 1 --name nginx-test nginx:latest
vaaw26clyc7zheven8c18qtnv
overall progress: 1 out of 1 tasks
1/1: running   [==================================================>]
verify: Service converged
[root@manager ~]#
[root@manager ~]#
[root@manager ~]# docker service ps nginx-test
ID             NAME           IMAGE          NODE      DESIRED STATE   CURRENT STATE
qfxit03pi3q6   nginx-test.1   nginx:latest   node2     Running         Running 21 seconds ago
[root@manager ~]#
```

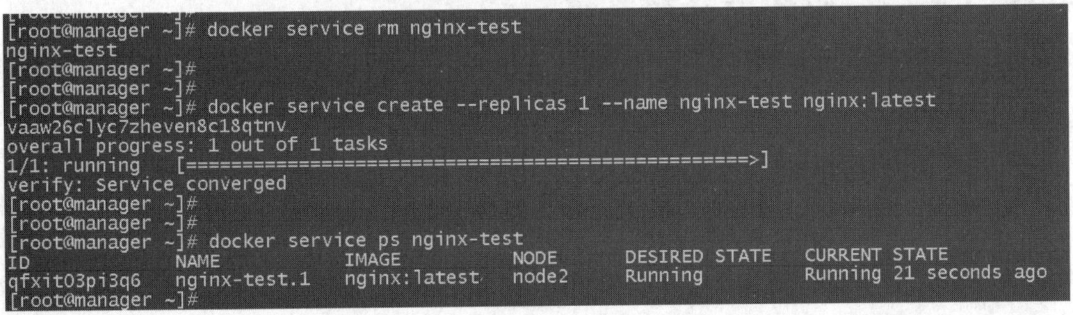

图 8-5　Docker Swarm 查看 Nginx 服务

（3）显示服务详细信息，操作指令如下，如图 8-6 所示。

```
docker service inspect --pretty nginx-test
```

```
[root@manager ~]# docker service inspect --pretty nginx-test

ID:             vaaw26clyc7zheven8c18qtnv
Name:           nginx-test
Service Mode:   Replicated
 Replicas:      1
Placement:
UpdateConfig:
 Parallelism:   1
 On failure:    pause
 Monitoring Period: 5s
 Max failure ratio: 0
 Update order:      stop-first
RollbackConfig:
```

图 8-6　Docker Swarm 显示服务详细信息

（4）查看 JSON 格式，操作指令如下，如图 8-7 所示。

```
docker service inspect nginx-test
```

```
[root@manager ~]# docker service inspect nginx-test
[
    {
        "ID": "vaaw26clyc7zheven8c18qtnv",
        "Version": {
            "Index": 145
        },
        "CreatedAt": "2021-04-27T02:59:04.677040141Z",
        "UpdatedAt": "2021-04-27T02:59:04.677040141Z",
        "Spec": {
            "Name": "nginx-test",
            "Labels": {},
            "TaskTemplate": {
                "ContainerSpec": {
                    "Image": "nginx:latest@sha256:75a55d33ecc73c2a242450a9f1cc85
```

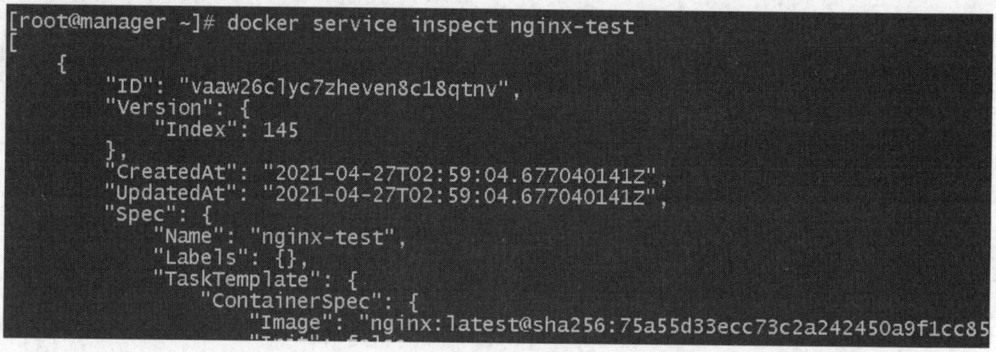

图 8-7　Docker Swarm 查看 JSON 格式

8.9　Swarm 服务扩容和升级

（1）Nginx 服务扩容和缩容，最终每个 Node 上分布了 1 个 Nginx 容器，操作指令如下，如图 8-8 所示。

```
docker service scale nginx-test=3
docker service ls
docker service ps nginx-test
```

（2）滚动更新服务，操作指令如下，如图 8-9 所示。

```
docker service update --image tomcat nginx-test
```

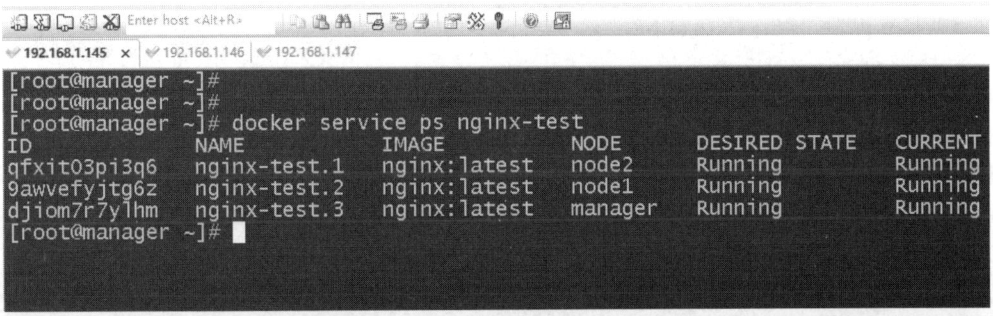

图 8-8　Docker Swarm 查看 Nginx 服务

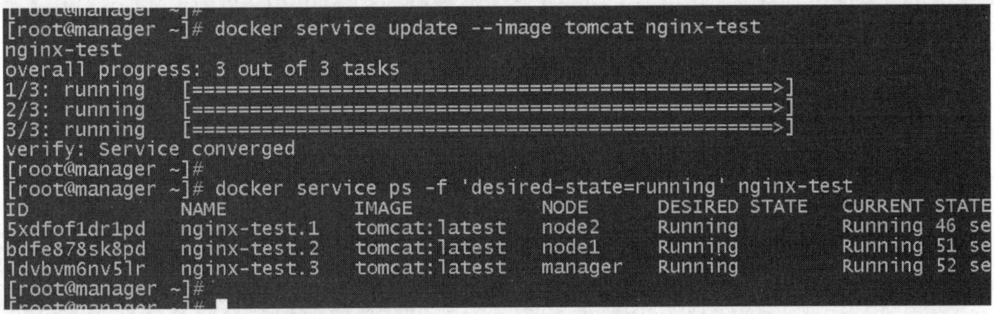

图 8-9　Docker Swarm 滚动升级

（3）创建服务时设定更新策略，操作指令如下：

```
docker service create \
--name nginx-test
--replicas 10 \
--update-delay 10s \
--update-parallelism 2 \
--update-failure-action continue \
nginx:latest
```

（4）创建服务时设定回滚策略，操作指令如下：

```
docker service create \
--name nginx-test \
--replicas 10 \
--rollback-parallelism 2 \
--rollback-monitor 20s \
--rollback-max-failure-ratio .2 \
nginx:latest
```

（5）服务更新，操作指令如下：

```
docker service update --image nginx:latest nginx-test
```

（6）手动回滚，操作指令如下：

```
docker service update --rollback nginx-test
```

8.10 Manager 和 Node 角色切换

（1）Manager 和 Node 角色切换之前查看节点状态信息，如图 8-10 所示。

```
docker node ls
```

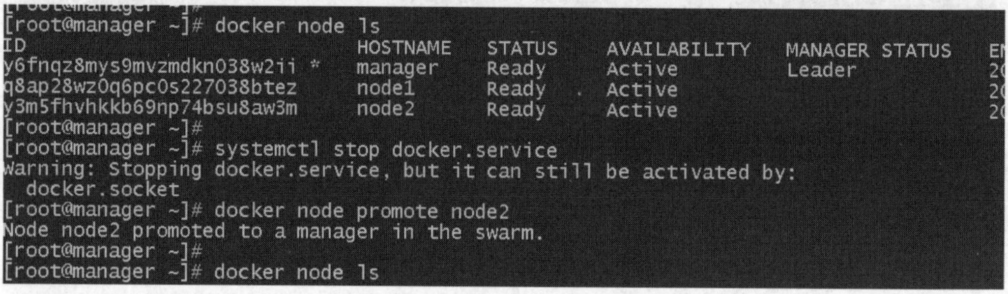

```
[root@manager ~]# docker node ls
ID                            HOSTNAME   STATUS    AVAILABILITY   MANAGER STATUS   EN
y6fnqz8mys9mvzmdkn038w2ii *   manager    Ready     Active         Leader           2(
q8ap28wz0q6pc0s227038btez     node1      Ready     Active                          2(
y3m5fhvhkkb69np74bsu8aw3m     node2      Ready     Active                          2(
[root@manager ~]#
[root@manager ~]# systemctl stop docker.service
Warning: Stopping docker.service, but it can still be activated by:
  docker.socket
[root@manager ~]# docker node promote node2
Node node2 promoted to a manager in the swarm.
[root@manager ~]#
[root@manager ~]# docker node ls
```

图 8-10　Docker Swarm 状态切换

（2）Manager 和 Node 角色切换，停止现有 Manager Docker 引擎服务，操作指令如下：

```
#停止 Docker 服务
systemctl stop docker.service
#将 node2 升级为 Manager
docker node promote node2
```

（3）Manager 和 Node 角色切换之后，查看节点状态信息，如图 8-11 所示。

```
docker node ls
```

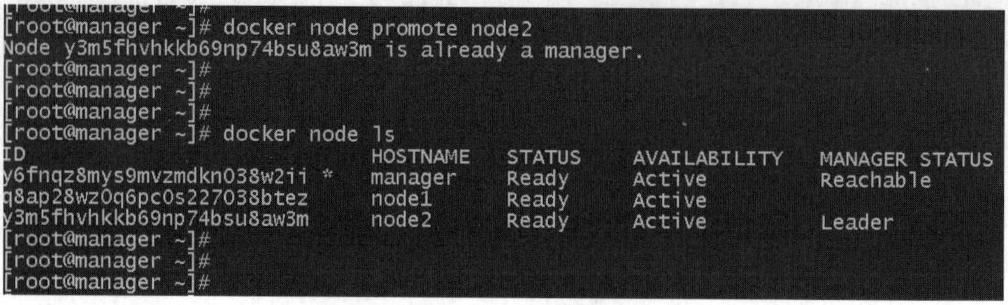

```
[root@manager ~]# docker node promote node2
Node y3m5fhvhkkb69np74bsu8aw3m is already a manager.
[root@manager ~]#
[root@manager ~]#
[root@manager ~]#
[root@manager ~]# docker node ls
ID                            HOSTNAME   STATUS    AVAILABILITY   MANAGER STATUS
y6fnqz8mys9mvzmdkn038w2ii *   manager    Ready     Active         Reachable
q8ap28wz0q6pc0s227038btez     node1      Ready     Active
y3m5fhvhkkb69np74bsu8aw3m     node2      Ready     Active         Leader
[root@manager ~]#
[root@manager ~]#
[root@manager ~]#
```

图 8-11　Docker Swarm 状态变化

8.11　Swarm 数据管理之 volume

Docker Swarm 数据管理方式有很多，其中 volume 方式管理数据比较常见，配置相对比较简单。其原理是在宿主机上创建一个 volume，默认目录为/var/lib/docker/volume/your_custom_volume/_data。

将容器的某个目录（例如容器网站数据目录）映射到宿主机的 volume 上，即使容器崩溃了，数据还会保留在宿主机的 volume 上。

```
#创建 Nginx 服务,Volume 映射
docker service create --replicas 1 --mount type=volume,src=nginx_data,
dst=/usr/share/nginx/html --name jfedu-nginx nginx:latest
#查看服务
docker service inspect jfedu-nginx
#查看数据卷
ls -l /var/lib/docker/volumes/
#查看数据信息
ls -l /var/lib/docker/volumes/nginx_data/_data/
```

可以看到，容器里面的 Nginx 数据目录已经挂载到宿主机的 nginx_data 了，如图 8-12 所示。

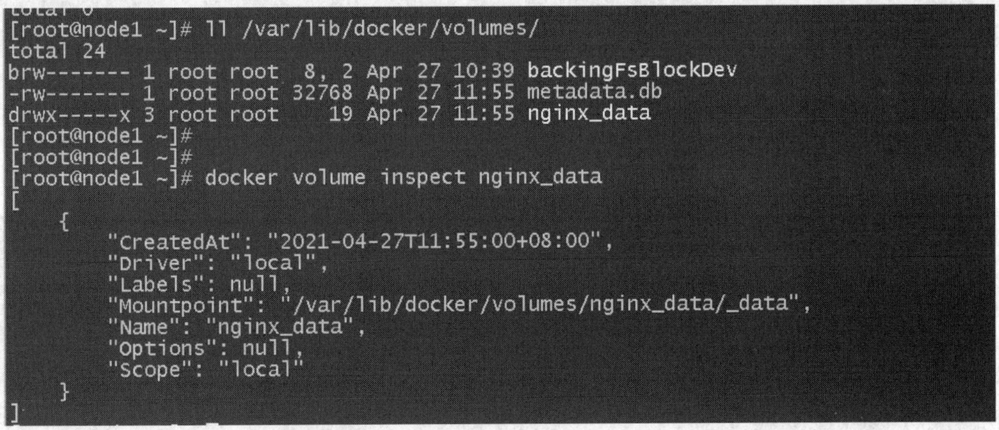

```
[root@node1 ~]# ll /var/lib/docker/volumes/
total 24
brw------- 1 root root  8, 2 Apr 27 10:39 backingFsBlockDev
-rw------- 1 root root 32768 Apr 27 11:55 metadata.db
drwx-----x 3 root root    19 Apr 27 11:55 nginx_data
[root@node1 ~]#
[root@node1 ~]#
[root@node1 ~]# docker volume inspect nginx_data
[
    {
        "CreatedAt": "2021-04-27T11:55:00+08:00",
        "Driver": "local",
        "Labels": null,
        "Mountpoint": "/var/lib/docker/volumes/nginx_data/_data",
        "Name": "nginx_data",
        "Options": null,
        "Scope": "local"
    }
]
```

图 8-12　Docker Swarm 案例 volume 数据

8.12　Swarm 数据管理之 Bind

Bind mount 模式工作原理：将宿主机某个目录映射到 Docker 容器，很适合网站，同时把宿

主机的这个目录作为 git 版本目录，每次更新代码的时候，容器就会更新。

（1）分别在 Manager、Node1、Node2 上创建 Web 网站目录。

```
mkdir -p /data/webapps/www/
```

（2）创建服务，操作指令如下：

```
docker service create --replicas 1 --mount type=bind,src=/data/webapps
/www/,dst=/usr/share/nginx/html --name nginx-v1 nginx:latest
```

（3）查看已创建的 nginx-v1 服务，操作指令如下：

```
docker service ps nginx-v1
docker service inspect nginx-v1
```

（4）测试宿主机的数据盘和容器是映射关系，如图 8-13 所示。

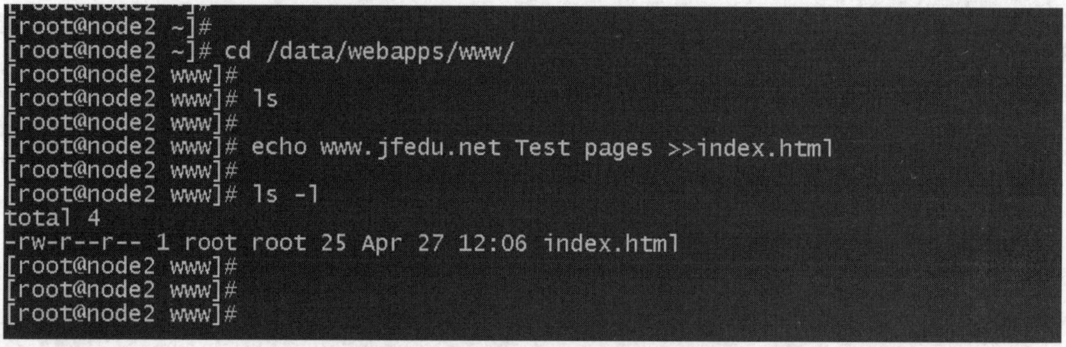

```
[root@node2 ~]#
[root@node2 ~]# cd /data/webapps/www/
[root@node2 www]#
[root@node2 www]# ls
[root@node2 www]#
[root@node2 www]# echo www.jfedu.net Test pages >>index.html
[root@node2 www]#
[root@node2 www]# ls -l
total 4
-rw-r--r-- 1 root root 25 Apr 27 12:06 index.html
[root@node2 www]#
[root@node2 www]#
[root@node2 www]#
```

图 8-13　Docker Swarm 创建宿主机目录

（5）进入容器查看内容，如图 8-14 所示。

```
[root@node2 www]# docker ps
CONTAINER ID   IMAGE           COMMAND                  CREATED            STATUS
a7a6d87d774c   nginx:latest    "/docker-entrypoint.…"   3 minutes ago      Up 3 minute
65cc9c7eba93   tomcat:latest   "catalina.sh run"        31 minutes ago     Up 31 minut
[root@node2 www]#
[root@node2 www]# docker exec -it a7a6d87d774c /bin/bash

root@a7a6d87d774c:/#
root@a7a6d87d774c:/# ls /usr/share/nginx/html/
index.html
root@a7a6d87d774c:/#
root@a7a6d87d774c:/# cat /usr/share/nginx/html/index.html
www.jfedu.net Test pages
root@a7a6d87d774c:/#
root@a7a6d87d774c:/#
```

图 8-14　Docker 进入容器内部

可以看到，在宿主机上创建的 index.html 已经挂载到容器上。

8.13 Swarm 数据管理之 NFS

以上两种方式都是单机 Docker 上的数据共享方式，在集群中就不适用了，必须使用共享存储或网络存储。这里使用 NFS 测试。

（1）基于 Linux 平台构建 NFS 网络文件系统，配置指令如下：

```
#安装 NFS 文件服务
yum install nfs-utils -y
#配置共享目录及权限
vim /etc/exports
/data/ *(rw,sync,all_squash,anonuid=0,anongid=0)
#启动 NFS 服务
service nfs restart
#在 NFS 数据目录新建测试页面
echo 'www.jfedu.net Test Hello NFS' >/data/index.html
```

（2）创建 Nginx volume 名称为 jfeduv66，操作指令如下，如图 8-15 所示。

```
docker volume create --driver local --opt type=nfs --opt o=addr=192.
168.1.147,rw --opt device=:/data jfeduv66
```

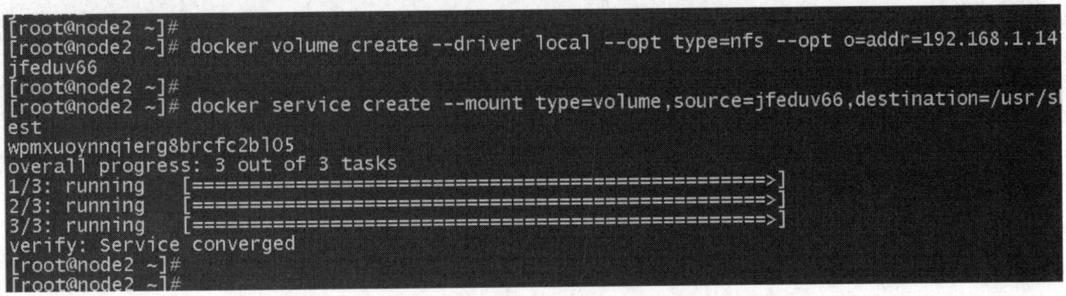

```
[root@node2 ~]#
[root@node2 ~]# docker volume create --driver local --opt type=nfs --opt o=addr=192.168.1.14
jfeduv66
[root@node2 ~]#
[root@node2 ~]# docker service create --mount type=volume,source=jfeduv66,destination=/usr/s
est
wpmxuoynnqierg8brcfc2bl05
overall progress: 3 out of 3 tasks
1/3: running   [==================================================>]
2/3: running   [==================================================>]
3/3: running   [==================================================>]
verify: Service converged
[root@node2 ~]#
[root@node2 ~]#
```

图 8-15 Docker Swarm 创建服务

（3）创建 Nginx 服务，绑定 jfeduv66 NFS 映射目录，操作指令如下：

```
docker service create --mount type=volume,source=jfeduv66,destination=
/usr/share/nginx/html/  --replicas 3 nginx:latest
```

（4）可以查看到 NFS 已经挂载到 Manager 节点，进入容器查看并创建内容，如图 8-16 所示。

（5）在 Nginx 容器中创建内容之后，退出容器，进入宿主机 NFS 服务器，进入/data/目录，查看内容，如图 8-17 所示。

```
[root@node2 ~]# docker exec -it bdacebceb2c7 /bin/bash
root@bdacebceb2c7:/#
root@bdacebceb2c7:/# cd /usr/share/nginx/html/
root@bdacebceb2c7:/usr/share/nginx/html# ls
index.php
root@bdacebceb2c7:/usr/share/nginx/html# mkdir www.jfedu.net 20201212
root@bdacebceb2c7:/usr/share/nginx/html#
root@bdacebceb2c7:/usr/share/nginx/html# ls -l
total 4
drwxr-xr-x 2 root root  6 Apr 28 02:41 20201212
-rw-r--r-- 1 root root 14 Apr 28 01:23 index.php
drwxr-xr-x 2 root root  6 Apr 28 02:41 www.jfedu.net
root@bdacebceb2c7:/usr/share/nginx/html#
root@bdacebceb2c7:/usr/share/nginx/html#
```

图 8-16　进入容器查看并创建内容

```
root@bdacebceb2c7:/usr/share/nginx/html#
root@bdacebceb2c7:/usr/share/nginx/html# exit
exit
[root@node2 ~]#
[root@node2 ~]# cd /data/
[root@node2 data]# ls
20201212  index.php  www.jfedu.net
[root@node2 data]# ls -l
total 4
drwxr-xr-x 2 root root  6 Apr 28 10:41 20201212
-rw-r--r-- 1 root root 14 Apr 28 09:23 index.php
drwxr-xr-x 2 root root  6 Apr 28 10:41 www.jfedu.net
[root@node2 data]#
[root@node2 data]#
```

图 8-17　进入/date/目录查看内容

8.14　Docker Swarm 新增节点

在生产环境正常运行中，随着企业业务的飞速增长，可能需要扩容 Swarm 节点，作为运维人员该如何操作呢？操作的方法和步骤有以下几点。

（1）在每台服务器上 hosts 文件中添加 Node3 和 IP 绑定记录，操作指令如下：

```
#添加 hosts 解析
cat >/etc/hosts<<EOF
127.0.0.1 localhost localhost.localdomain
192.168.1.145 manager
192.168.1.123 node1
192.168.1.147 node2
192.168.1.148 node3
EOF
#临时关闭 SELinux 和防火墙
sed -i '/SELINUX/s/enforcing/disabled/g'  /etc/sysconfig/selinux
```

```
setenforce  0
systemctl   stop    firewalld.service
systemctl   disable   firewalld.service
#同步节点时间
yum install ntpdate -y
ntpdate  pool.ntp.org
#修改对应节点主机名
hostname 'cat /etc/hosts|grep $(ifconfig|grep broadcast|awk '{print
$2}')|awk '{print $2}'';su
#关闭 swapoff
swapoff -a
```

（2）在新节点 Node3 上，部署 Docker 引擎服务，操作指令如下：

```
#安装依赖软件包
yum install -y yum-utils device-mapper-persistent-data lvm2
#添加 Docker repository,这里使用国内阿里云 yum 源
yum-config-manager --add-repo http://mirrors.aliyun.com/docker-ce/linux/
centos/docker-ce.repo
#安装 docker-ce,这里直接安装最新版本
yum install -y docker-ce
#修改 Docker 配置文件
mkdir /etc/docker
cat > /etc/docker/daemon.json <<EOF
{
  "exec-opts": ["native.cgroupdriver=systemd"],
  "log-driver": "json-file",
  "log-opts": {
    "max-size": "100m"
  },
  "storage-driver": "overlay2",
  "storage-opts": [
    "overlay2.override_kernel_check=true"
  ],
  "registry-mirrors": ["https://uyah70su.mirror.aliyuncs.com"]
}
EOF
#注意,由于国内拉取镜像较慢,配置文件最后增加了 registry-mirrors
mkdir -p /etc/systemd/system/docker.service.d
sed -i '/^ExecStart/s/dockerd/dockerd -H tcp:\/\/0.0.0.0:2375/g' /usr/lib/
systemd/system/docker.service
#重启 Docker 服务
```

```
systemctl daemon-reload
systemctl enable docker.service
systemctl restart docker.service
ps -ef|grep -aiE docker
```

（3）在已经初始化的机器（Manager）上执行如下指令，获取客户端加入集群的命令，如图 8-18 所示。

```
docker swarm join-token manager
docker swarm join --token SWMTKN-1-5lioovnms9y4zyctzj6g8npam1lrntiotpkz
wlselo5kpk7h0t-6jtljl9wat92884f1z6j2hos0 192.168.1.147:2377
```

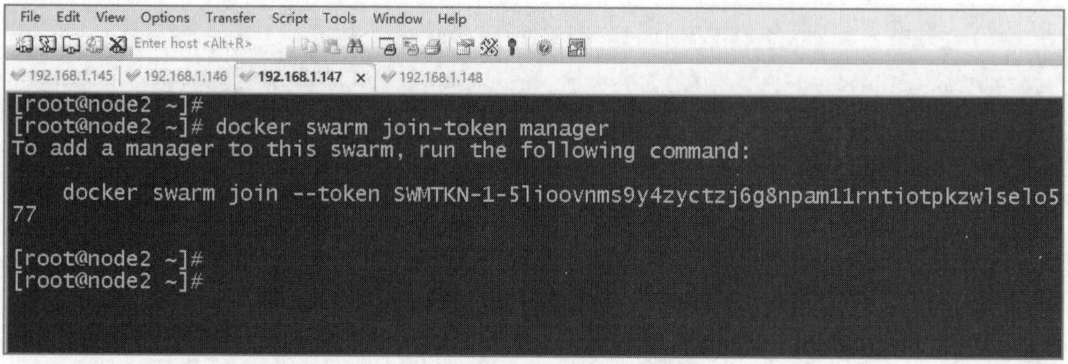

```
[root@node2 ~]#
[root@node2 ~]# docker swarm join-token manager
To add a manager to this swarm, run the following command:

    docker swarm join --token SWMTKN-1-5lioovnms9y4zyctzj6g8npam1lrntiotpkzwlselo5
77

[root@node2 ~]#
[root@node2 ~]#
```

图 8-18　获取客户端加入集群的命令

（4）将结果复制到新增 Node3 节点机器上执行即可，如图 8-19 所示。

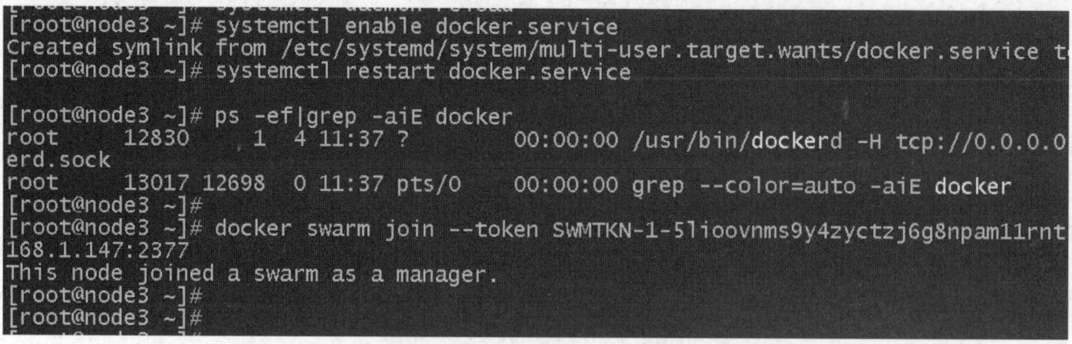

```
[root@node3 ~]# systemctl enable docker.service
Created symlink from /etc/systemd/system/multi-user.target.wants/docker.service t
[root@node3 ~]# systemctl restart docker.service

[root@node3 ~]# ps -ef|grep -aiE docker
root     12830     1  4 11:37 ?        00:00:00 /usr/bin/dockerd -H tcp://0.0.0.0
erd.sock
root     13017 12698  0 11:37 pts/0    00:00:00 grep --color=auto -aiE docker
[root@node3 ~]#
[root@node3 ~]# docker swarm join --token SWMTKN-1-5lioovnms9y4zyctzj6g8npam1lrnt
168.1.147:2377
This node joined a swarm as a manager.
[root@node3 ~]#
[root@node3 ~]#
```

图 8-19　Docker Swarm 案例实战 1

查看集群节点，如图 8-20 所示。

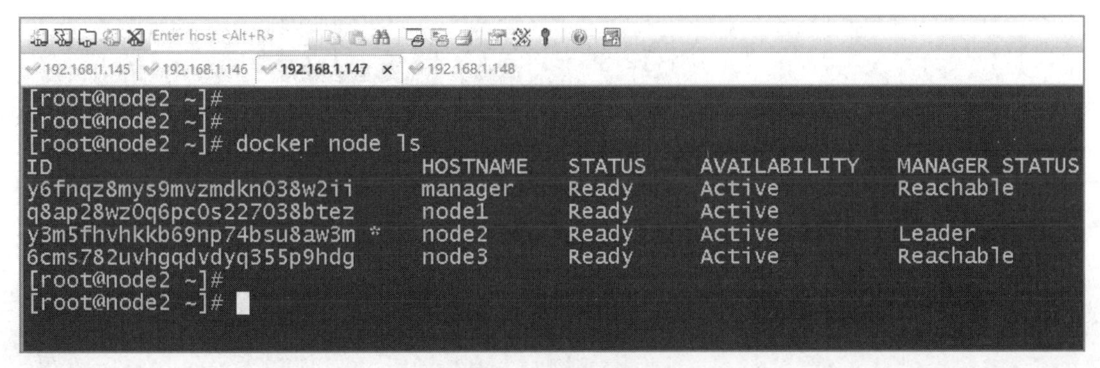

图 8-20　查看集群节点

节点 MANAGER STATUS 列显示节点是属于 Manager 还是 Worker；没有值表示不参与群管理的工作节点，具体说明如下。

① Leader，意味着该节点是群的所有群管理和编排决策的主要管理器节点。

② Reachable，意味着节点是管理者节点，正在参与 Raft 共识。如果领导节点不可用，则该节点有资格被选为新领导者。

③ Unavailable（没有值），意味着节点是不能与其他管理器通信的管理器。如果管理器节点不可用，应该将新的管理器节点加入群集，或者将工作器节点升级为管理器。

节点 AVAILABILITY 列显示调度程序是否可以将任务分配给节点。

① Active，意味着调度程序可以将任务分配给节点。

② Pause，意味着调度程序不会将新任务分配给节点，但现有任务仍在运行。

③ Drain，意味着调度程序不会向节点分配新任务。调度程序关闭所有现有任务并在可用节点上调度它们。

8.15　Docker Swarm 删除节点

Docker Swarm 在生产环境正常运行中，随着服务器使用寿命长，难免有服务器过保、下架，此时需要删除 Swarm 节点，作为运维人员该如何操作呢？操作的方法和步骤有以下几点。

（1）将 Node3 节点停用，该节点上的容器会迁移到其他节点，操作指令如下：

```
docker node  update --availability drain node3
```

（2）检查容器迁移情况，当 Node3 的容器都迁移完后，停止 Docker 服务即可，如图 8-21 所示。

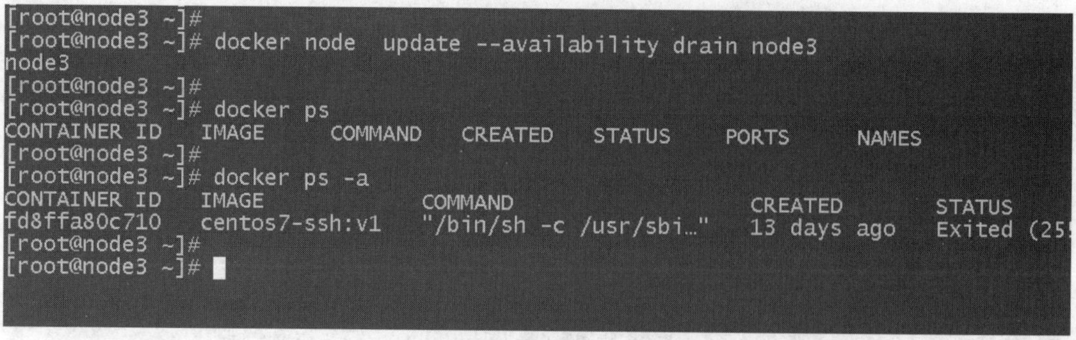

```
[root@node3 ~]#
[root@node3 ~]# docker node  update --availability drain node3
node3
[root@node3 ~]#
[root@node3 ~]# docker ps
CONTAINER ID   IMAGE      COMMAND    CREATED    STATUS     PORTS      NAMES
[root@node3 ~]#
[root@node3 ~]# docker ps -a
CONTAINER ID   IMAGE            COMMAND                  CREATED       STATUS
fd8ffa80c710   centos7-ssh:v1   "/bin/sh -c /usr/sbi…"   13 days ago   Exited (25
[root@node3 ~]#
[root@node3 ~]# 
```

图 8-21 Docker Swarm 案例实战 2

（3）停止 Node3 Docker 服务，删除节点前，需先停止该节点的 Docker 服务。

```
systemctl stop docker.service
```

（4）登录到 Manager 上，将节点 Node3 降级成 Worker，然后删除。只能删除 Worker 基本的节点。

```
docker node demote node3
docker node rm node3
```

8.16 Docker 自动化部署一

生产环境中，由于 Docker 指令过多，操作比较烦琐，可以编写 Shell 自动安装并配置 Docker 虚拟化及桥接网络，同时使用 pipework 脚本配置容器 IP，以实现容器的批量管理，此脚本适用于 CentOS 6.x 系统。

CentOS 6.x 系列 Docker 批量管理脚本代码如下：

```
#!/bin/bash
#auto install docker and Create VM
#by www.jfedu.net 2021
#Define PATH Variables
IPADDR='ifconfig |grep "Bcast"|awk '{print $2}'|cut -d: -f2|grep
"192.168"|head -1'
GATEWAY='route -n|grep "UG"|awk '{print $2}'|grep "192.168"|head -1'
DOCKER_IPADDR=$1
IPADDR_NET='ifconfig |grep "Bcast"|awk '{print $2}'|cut -d: -f2|grep
"192.168"|head -1|awk -F. '{print $1"."$2"."$3"."xxx"}''
```

```
NETWORK=(
    HWADDR='ifconfig eth0 |egrep "HWaddr|Bcast" |tr "\n" " "|awk '{print
$5,$7,$NF}'|sed -e 's/addr://g' -e 's/Mask://g'|awk '{print $1}''
    IPADDR='ifconfig eth0 |egrep "HWaddr|Bcast" |tr "\n" " "|awk '{print
$5,$7,$NF}'|sed -e 's/addr://g' -e 's/Mask://g'|awk '{print $2}''
    NETMASK='ifconfig eth0 |egrep "HWaddr|Bcast" |tr "\n" " "|awk '{print
$5,$7,$NF}'|sed -e 's/addr://g' -e 's/Mask://g'|awk '{print $3}''
    GATEWAY='route -n|grep "UG"|awk '{print $2}''
)

if [ -z "$1" -o -z "$2" -o -z "$3" -o -z "$4" ];then

    echo -e "\033[32m-----------------------------------\033[0m"
    echo -e "\033[32mPlease exec $0 IPADDR CPU(C) MEM(G) DISK(G),example $0
$IPADDR_NET 16 32 50\033[0m"
    exit 0
fi


CPU='expr $2 - 1'
if [ ! -e /usr/bin/bc ];then
    yum install bc -y >>/dev/null 2>&1
fi
MEM_F='echo $3 \* 1024|bc'
MEM='printf "%.0f\n" $MEM_F'
DISK=$4
USER=$5
REMARK=$6

ping $DOCKER_IPADDR -c 1 >>/dev/null 2>&1

if [ $? -eq 0 ];then

    echo -e "\033[32m-----------------------------------\033[0m"
    echo -e "\033[32mThe IP address to be used,Please change other IP,exit.\
033[0m"
    exit 0
fi

if [ ! -e /etc/init.d/docker ];then
    rpm -ivh http://dl.fedoraproject.org/pub/epel/6/x86_64/epel-release-
```

```
6-8.noarch.rpm
    yum install docker-io -y
    yum install device-mapper*  -y
    /etc/init.d/docker start
    if [ $? -ne 0 ];then
        echo "Docker install error ,please check."
        exit
    fi
fi


cd  /etc/sysconfig/network-scripts/
    mkdir -p /data/backup/'date +%Y%m%d-%H%M'
    yes|cp ifcfg-eth* /data/backup/'date +%Y%m%d-%H%M'/
if
    [ -e /etc/sysconfig/network-scripts/ifcfg-br0 ];then
    echo
else
    cat >ifcfg-eth0 <<EOF
    DEVICE=eth0
    BOOTPROTO=none
    ${NETWORK[0]}
    NM_CONTROLLED=no
    ONBOOT=yes
    TYPE=Ethernet
    BRIDGE="br0"
    ${NETWORK[1]}
    ${NETWORK[2]}
    ${NETWORK[3]}
    USERCTL=no
EOF
    cat >ifcfg-br0 <<EOF
    DEVICE="br0"
    BOOTPROTO=none
    ${NETWORK[0]}
    IPV6INIT=no
    NM_CONTROLLED=no
    ONBOOT=yes
    TYPE="Bridge"
    ${NETWORK[1]}
    ${NETWORK[2]}
```

```
    ${NETWORK[3]}
    USERCTL=no
EOF

    /etc/init.d/network restart

fi
echo 'Your can restart Ethernet Service: /etc/init.d/network restart !'
echo '----------------------------------------------------------'
cd -
#######create docker container
service docker status >>/dev/null
if [ $? -ne 0 ];then
    /etc/init.d/docker restart
fi
NAME="Docker$$_'echo $DOCKER_IPADDR|awk -F"." '{print $(NF-1)"_"$NF}''"
IMAGES='docker images|grep -v "REPOSITORY"|grep -v "none"|head -1|awk
'{print $1}''
CID=$(docker run -itd --cpuset-cpus=0-$CPU -m ${MEM}m --net=none --name=
$NAME $IMAGES /bin/bash)

if [ -z $IMAGES ];then
    echo "Plesae Download Docker Centos Images,you can to be use docker search
centos,and docker pull centos6.5-ssh,exit 0"
    exit 0
fi

if [ ! -f /usr/local/bin/pipework ];then
    yum install wget unzip zip -y
    wget https://github.com/jpetazzo/pipework/archive/master.zip
        unzip master
        cp pipework-master/pipework  /usr/local/bin/
        chmod +x /usr/local/bin/pipework
        rm -rf master
fi

ip netns >>/dev/null
if [ $? -ne 0 ];then
    rpm -e iproute --nodeps
        rpm -ivh https://repos.fedorapeople.org/openstack/EOL/openstack-
grizzly/epel-6/iproute-2.6.32-130.el6ost.netns.2.x86_64.rpm
```

```
fi
pipework br0 $NAME  $DOCKER_IPADDR/24@$IPADDR

docker ps -a |grep "$NAME"

DEV=$(basename $(echo /dev/mapper/docker-*-$CID))
dmsetup table $DEV | sed "s/0 [0-9]* thin/0 $((${DISK}*1024*1024*1024/512))
thin/" | dmsetup load $DEV
dmsetup resume $DEV
resize2fs /dev/mapper/$DEV
docker start $CID
docker logs $CID
LIST="docker_vmlist.csv"
if [ ! -e $LIST ];then
   echo "编号,容器 ID,容器名称,CPU,内存,硬盘,容器 IP,宿主机 IP,使用人,备注" >$LIST
fi
###################
NUM='cat docker_vmlist.csv |grep -v CPU|tail -1|awk -F, '{print $1}''
if [[ $NUM -eq "" ]];then
       NUM="1"
else
       NUM='expr $NUM + 1'
fi
##################
echo -e "\033[32mCreate virtual client Successfully.\n$NUM 'echo $CID|cut
-b 1-12' $NAME $2C ${MEM}M ${DISK}G $DOCKER_IPADDR $IPADDR $USER $REMARK\
033[0m"
if [ -z $USER ];then
   USER="NULL"
   REMARK="NULL"
fi
echo $NUM, 'echo $CID|cut -b 1-12',$NAME,${2}C,${MEM}M,${DISK}G,$DOCKER_
IPADDR,$IPADDR,$USER,$REMARK >>$LIST
rm -rf docker_vmlist_*
iconv -c -f utf-8 -t gb2312 docker_vmlist.csv -o docker_vmlist_'date
+%H%M'.csv
```

8.17 Docker 自动化部署二

生产环境中 Docker 指令过多，操作比较烦琐，因此可以编写 Shell 自动安装并配置 Docker

虚拟化及桥接网络，同时使用 pipework 脚本来配置容器 IP，能够实现容器的批量管理，此脚本适用于 CentOS 7.x 系统。

CentOS 7.x 系列 Docker 批量管理脚本代码如下：

```
#!/bin/bash
#auto install docker and Create VM
#by www.jfedu.net 2021
#Define PATH Variables
IPADDR='ifconfig|grep -E "\<inet\>"|awk '{print $2}'|grep "192.168"|head -1'
GATEWAY='route -n|grep "UG"|awk '{print $2}'|grep "192.168"|head -1'
IPADDR_NET='ifconfig|grep -E "\<inet\>"|awk '{print $2}'|grep "192.168"
|head -1|awk -F. '{print $1"."$2"."$3"."}''
LIST="/root/docker_vmlist.csv"
if [ ! -f /usr/sbin/ifconfig ];then
   yum install net-tools* -y
fi
for i in 'seq 1 253';do ping -c 1 ${IPADDR_NET}${i} ;[ $? -ne 0 ]&& DOCKER_
IPADDR="${IPADDR_NET}${i}" &&break;done >>/dev/null 2>&1
echo "##################"
echo -e "Dynamic get docker IP,The Docker IP address\n\n$DOCKER_IPADDR"
NETWORK=(
   HWADDR='ifconfig eth0|grep ether|awk '{print $2}''
   IPADDR='ifconfig eth0|grep -E "\<inet\>"|awk '{print $2}''
   NETMASK='ifconfig eth0|grep -E "\<inet\>"|awk '{print $4}''
   GATEWAY='route -n|grep "UG"|awk '{print $2}''
)
if [ -z "$1" -o -z "$2" ];then

   echo -e "\033[32m---------------------------------\033[0m"
   echo -e "\033[32mPlease exec $0 CPU(C) MEM(G),example $0 4 8\033[0m"
   exit 0
fi
#CPU='expr $2 - 1'
if [ ! -e /usr/bin/bc ];then
   yum install bc -y >>/dev/null 2>&1
fi
CPU_ALL='cat /proc/cpuinfo |grep processor|wc -l'
if [ ! -f $LIST ];then
   CPU_COUNT=$1
   CPU_1="0"
   CPU1='expr $CPU_1 + 0'
```

```
    CPU2='expr $CPU1 + $CPU_COUNT - 1'
    if [ $CPU2 -gt $CPU_ALL ];then
        echo -e "\033[32mThe System CPU count is $CPU_ALL,not more than
it.\033[0m"
        exit
    fi
else
    CPU_COUNT=$1
    CPU_1='cat $LIST|tail -1|awk -F"," '{print $4}'|awk -F"-" '{print $2}''
    CPU1='expr $CPU_1 + 1'
    CPU2='expr $CPU1 + $CPU_COUNT - 1'
    if [ $CPU2 -gt $CPU_ALL ];then
        echo -e "\033[32mThe System CPU count is $CPU_ALL,not more than
it.\033[0m"
        exit
    fi
fi
MEM_F='echo $2 \* 1024|bc'
MEM='printf "%.0f\n" $MEM_F'
DISK=20
USER=$3
REMARK=$4
ping $DOCKER_IPADDR -c 1 >>/dev/null 2>&1

if [ $? -eq 0 ];then

    echo -e "\033[32m-------------------------------------\033[0m"
    echo -e "\033[32mThe IP address to be used,Please change other
IP,exit.\033[0m"
    exit 0
fi

if [ ! -e /usr/bin/docker ];then
    yum install docker* device-mapper* lxc  -y
    mkdir -p /export/docker/
    cd /var/lib/ ;rm -rf docker ;ln -s /export/docker/ .
    mkdir -p /var/lib/docker/devicemapper/devicemapper
    dd if=/dev/zero of=/var/lib/docker/devicemapper/devicemapper/data bs=1G
count=0 seek=2000
    service docker start
    if [ $? -ne 0 ];then
```

```
        echo "Docker install error ,please check."
        exit
    fi
fi

cd /etc/sysconfig/network-scripts/
    mkdir -p /data/backup/'date +%Y%m%d-%H%M'
    yes|cp ifcfg-eth* /data/backup/'date +%Y%m%d-%H%M'/
if
    [ -e /etc/sysconfig/network-scripts/ifcfg-br0 ];then
    echo
else
    cat >ifcfg-eth0<<EOF
    DEVICE=eth0
    BOOTPROTO=none
    ${NETWORK[0]}
    NM_CONTROLLED=no
    ONBOOT=yes
    TYPE=Ethernet
    BRIDGE="br0"
    ${NETWORK[1]}
    ${NETWORK[2]}
    ${NETWORK[3]}
    USERCTL=no
EOF
    cat >ifcfg-br0 <<EOF
    DEVICE="br0"
    BOOTPROTO=none
    ${NETWORK[0]}
    IPV6INIT=no
    NM_CONTROLLED=no
    ONBOOT=yes
    TYPE="Bridge"
    ${NETWORK[1]}
    ${NETWORK[2]}
    ${NETWORK[3]}
    USERCTL=no
EOF
    /etc/init.d/network restart

fi
```

```
echo 'Your can restart Ethernet Service: /etc/init.d/network restart !'
echo '---------------------------------------------------------'

cd -
#######create docker container
service docker status >>/dev/null
if [ $? -ne 0 ];then
   service docker restart
fi

NAME="Docker_'echo $DOCKER_IPADDR|awk -F"." '{print $(NF-1)"_"$NF}'''"
IMAGES='docker images|grep -v "REPOSITORY"|grep -v "none"|grep "centos"|head
-1|awk '{print $1}''
if [ -z $IMAGES ];then
   echo "Plesae Download Docker Centos Images,you can to be use docker search
centos,and docker pull centos6.5-ssh,exit 0"
   if [ ! -f jfedu_centos68.tar ];then
      echo "Please upload jfedu_centos68.tar for docker server."
      exit
   fi
   cat jfedu_centos68.tar|docker import - jfedu_centos6.8
fi
IMAGES='docker images|grep -v "REPOSITORY"|grep -v "none"|grep "centos"|head
-1|awk '{print $1}''
CID=$(docker run -itd --privileged --cpuset-cpus=${CPU1}-${CPU2} -m ${MEM}m
--net=none --name=$NAME $IMAGES /bin/bash)
echo $CID
docker ps -a |grep "$NAME"
pipework br0 $NAME  $DOCKER_IPADDR/24@$IPADDR
docker exec $NAME /etc/init.d/sshd start
if [ ! -e $LIST ];then
   echo "编号,容器 ID,容器名称,CPU,内存,硬盘,容器 IP,宿主机 IP,使用人,备注" >$LIST
fi
###################
NUM='cat $LIST |grep -v CPU|tail -1|awk -F, '{print $1}''
if [[ $NUM -eq "" ]];then
      NUM="1"
else
      NUM='expr $NUM + 1'
fi
##################
```

```
echo -e "\033[32mCreate virtual client Successfully.\n$NUM 'echo $CID|cut
-b 1-12',$NAME,$CPU1-$CPU2,${MEM}M,${DISK}G,$DOCKER_IPADDR,$IPADDR,$USER,
$REMARK\033[0m"
if [ -z $USER ];then
   USER="NULL"
   REMARK="NULL"
fi
echo $NUM, 'echo $CID|cut -b 1-12',$NAME,$CPU1-$CPU2,${MEM}M,${DISK}G,
$DOCKER_IPADDR,$IPADDR,$USER,$REMARK >>$LIST
rm -rf /root/docker_vmlist_*
iconv -c -f utf-8 -t gb2312 $LIST  -o /root/docker_vmlist_'date +%H%M'.csv
```

第 9 章 OpenStack+KVM 构建企业级私有云

9.1 OpenStack 入门简介

OpenStack 是一个由美国国家航空航天局（National Aeronautics and Space Administration，NASA）和 Rackspace 合作研发并发起的，以 Apache 许可证授权的自由软件和开放源代码项目。OpenStack 是一个开源的云计算管理平台项目，由几个主要的组件组合起来完成具体工作。

OpenStack 支持几乎所有类型的云环境，项目目标是提供实施简单、可大规模扩展、丰富、标准统一的云计算管理平台。OpenStack 通过各种互补的服务提供了基础设施即服务（Infrastructure as a Service，IaaS）的解决方案，每个服务提供 API 以进行集成，当然除了 IaaS 解决方案，还有主流的平台即服务（Platform as a Service，PaaS）和软件即服务（Software as a Service，SaaS），三者区别如图 9-1 所示。

OpenStack 是一个旨在为公共及私有云的建设与管理提供软件的开源项目。它的社区拥有超过 130 家企业及 1350 位开发者，这些机构与个人都将 OpenStack 作为 IaaS 资源的通用前端。OpenStack 项目的首要任务是简化云的部署过程并为其带来良好的可扩展性。

OpenStack 云计算平台帮助服务商和企业内部实现类似于 Amazon EC2 和 S3 的云基础架构服务。OpenStack 包含两个主要模块：Nova 和 Swift，前者是 NASA 开发的虚拟服务器部署和业务计算模块，后者是 Rackspace 开发的分布式云存储模块，二者可以一起使用，也可以单独使用。OpenStack 除了有 Rackspace 和 NASA 的大力支持外，还有包括 Dell、Citrix、Cisco、Canonical 等重量级公司的贡献和支持，发展速度非常快，有取代另一个业界领先开源云平台 Eucalyptus 的态势。

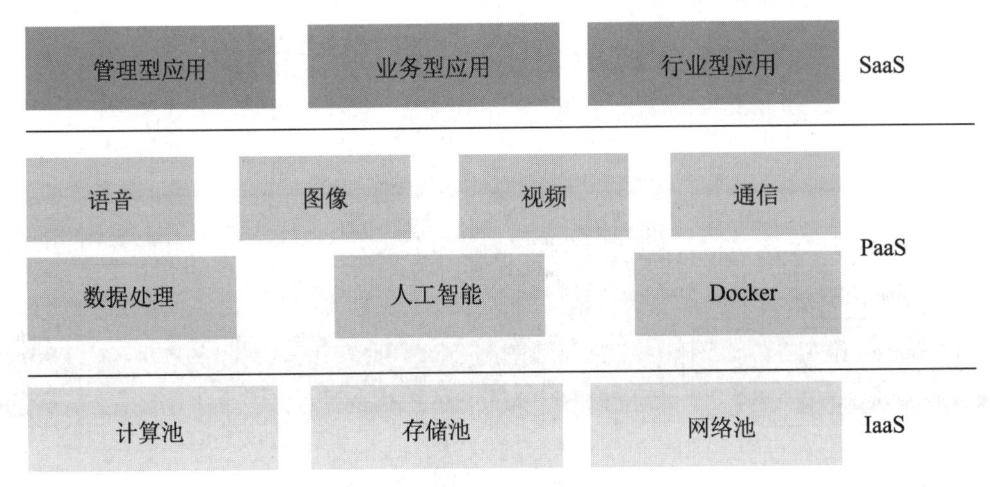

图 9-1　云服务分类（按服务类型）

9.2　OpenStack 核心组件

OpenStack 覆盖了网络、虚拟化、操作系统、服务器等各个方面。它是一个正在开发中的云计算平台项目，根据成熟及重要程度的不同，被分解成核心项目、孵化项目，以及支持项目和相关项目。每个项目都有自己的委员会和项目技术主管，且每个项目都不是一成不变的，孵化项目可以根据发展的成熟度和重要性，转变为核心项目。截至 Icehouse 版本，下面列出了 10 个 OpenStack 核心模块，如图 9-2 所示。

（1）计算（Compute）：Nova，一套控制器，根据用户需求提供虚拟服务，负责虚拟机创建、开机、关机、挂起、暂停、调整、迁移、重启、销毁等操作，配置 CPU、内存等信息规格。

（2）对象存储（Object Storage）：Swift，一套用于在大规模可扩展系统中通过内置冗余及高容错机制实现对象存储的系统，允许进行存储或者检索文件，可为 Glance 提供镜像存储，为 Cinder 提供卷备份服务。

（3）镜像服务（Image Service）：Glance，一套虚拟机镜像查找及检索系统，支持多种虚拟机镜像格式（AKI、AMI、ARI、ISO、QCOW2、Raw、VDI、VHD 和 VMDK），有创建上传镜像、删除镜像、编辑镜像基本信息的功能。

（4）身份服务（Identity Service）：Keystone，为 OpenStack 其他服务提供身份验证、服务规则和服务令牌的功能，管理 Domains、Projects、Users、Groups 和 Roles。

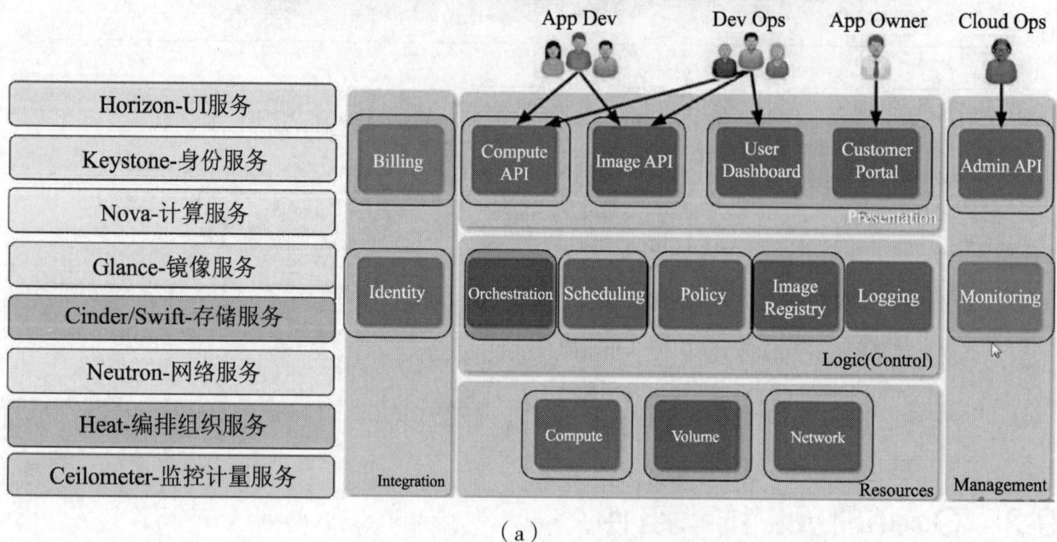

（a）

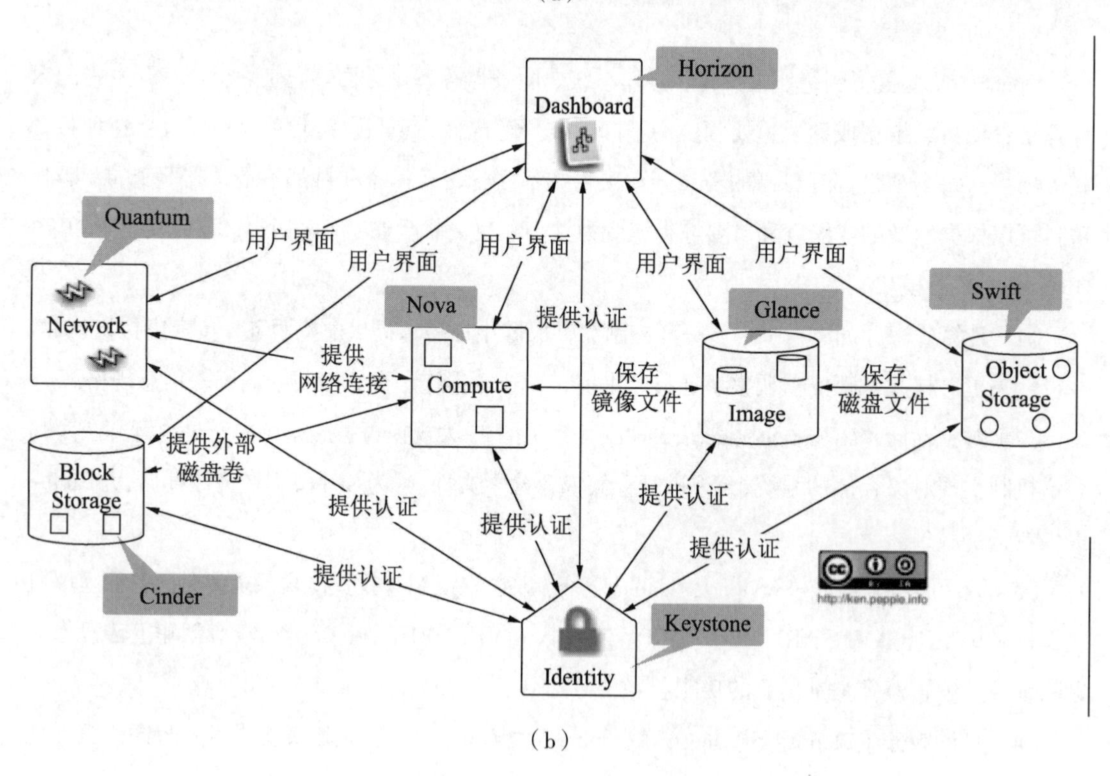

（b）

图 9-2 OpenStack 核心模块

（5）网络和地址管理（Network）：Neutron，提供云计算的网络虚拟化技术，为 OpenStack 其他服务提供网络连接服务。为用户提供接口，可以定义 Network、Subnet、Router，配置 DHCP、DNS、负载均衡、L3 服务，网络支持 GRE、VLAN。插件架构支持许多主流的网络厂家和技术，如 OpenvSwitch。

（6）块存储（Block Storage）：Cinder，为运行实例提供稳定的数据块存储服务，它的插件驱动架构有利于块设备的创建和管理，如创建卷、删除卷，在实例上挂载和卸载卷。

（7）UI 界面（Dashboard）：Horizon，OpenStack 中各种服务的 Web 管理门户，用于简化用户对服务的操作，例如启动实例、分配 IP 地址、配置访问控制等。

（8）测量（Metering）：Ceilometer，像一个漏斗一样，能把 OpenStack 内部发生的几乎所有的事件都收集起来，然后为计费和监控以及其他服务提供数据支撑。

（9）部署编排（Orchestration）：Heat，提供了一种通过模板定义的协同部署方式，实现云基础设施软件运行环境（计算、存储和网络资源）的自动化部署。

（10）数据库服务（Database Service）：Trove，为用户在 OpenStack 的环境提供可扩展和可靠的关系和非关系数据库引擎服务。

9.3　OpenStack 准备环境

OpenStack 准备环境如下所示：

```
操作系统版本：CentOS Linux release 7.3.1611
192.168.1.120        node1 控制节点
192.168.1.121        node2 计算节点
192.168.1.122        node3 计算节点（可选）
控制节点主要用于操控计算节点,计算节点上创建虚拟机
```

9.4　Hosts 及防火墙设置

对 OpenStack Node1、Node2 节点进行如下配置：

```
cat >/etc/hosts<<EOF
127.0.0.1       localhost localhost.localdomain
#103.27.60.52   mirror.centos.org
66.241.106.180  mirror.centos.org
192.168.1.120   node1
192.168.1.121   node2
```

```
192.168.1.123  node3
EOF
sed -i '/SELINUX/s/enforcing/disabled/g'  /etc/sysconfig/selinux
setenforce  0
systemctl   stop    firewalld.service
systemctl   disable   firewalld.service
ntpdate  pool.ntp.org                    #保持主节点,计算节点时间同步
hostname 'cat /etc/hosts|grep $(ifconfig|grep broadcast|awk '{print $2}')|
awk '{print $2}'';su
```

9.5 OpenStack 服务安装

（1）OpenStack Node1 主节点安装如下服务，操作方法和指令如下：

```
yum --enablerepo=centos-openstack-liberty clean metadata
#Base
yum install -y epel-release
yum install -y centos-release-openstack-liberty
yum install -y python-openstackclient
#MySQL
yum install -y mariadb mariadb-server MySQL-python mariadb-devel
#RabbitMQ
yum install -y rabbitmq-server
#Keystone
yum install -y openstack-keystone httpd httpd-devel mod_wsgi memcached
python-memcached
#Glance
yum install -y openstack-glance python-glance python-glanceclient
#Nova
yum install -y openstack-nova-api openstack-nova-cert openstack-nova-
conductor openstack-nova-console openstack-nova-novncproxy openstack-nova-
scheduler python-novaclient
#Neutron
yum install -y openstack-neutron openstack-neutron-ml2 openstack-neutron-
linuxbridge python-neutronclient ebtables ipset
#Dashboard
yum install -y openstack-dashboard
#Cinder
yum install -y openstack-cinder python-cinderclient
#Update Qemu
```

```
yum install -y centos-release-qemu-ev.noarch
yum  -y  install  qemu-kvm qemu-img
sed -i '/\[mysqld\]/amax_connections=2000' /etc/my.cnf
systemctl  enable mariadb.service
systemctl  start   mariadb.service
```

（2）OpenStack Node1 节点创建数据库配置，操作方法和指令如下：

```
mysql
create database keystone;
grant all  on keystone.* to 'keystone'@'localhost' identified by 'keystone';
grant all  on keystone.* to 'keystone'@'%' identified by 'keystone';
grant all  on keystone.* to 'keystone'@'node1' identified by 'keystone';
create database glance;
grant all  on glance.* to 'glance'@'localhost' identified by 'glance';
grant all  on glance.* to 'glance'@'%' identified by 'glance';
grant all  on glance.* to 'glance'@'node1' identified by 'glance';
create database nova;
grant all  on nova.* to 'nova'@'localhost' identified by 'nova';
grant all  on nova.* to 'nova'@'%' identified by 'nova';
grant all  on nova.* to 'nova'@'node1' identified by 'nova';
create database neutron;
grant all  on neutron.* to 'neutron'@'localhost' identified by 'neutron';
grant all  on neutron.* to 'neutron'@'%' identified by 'neutron';
grant all  on neutron.* to 'neutron'@'node1' identified by 'neutron';
create database cinder;
grant all  on cinder.* to 'cinder'@'localhost' identified by 'cinder';
grant all  on cinder.* to 'cinder'@'%' identified by 'cinder';
grant all  on cinder.* to 'cinder'@'node1' identified by 'cinder';
flush privileges;
exit;
```

9.6　MQ（消息队列）简介

消息队列（Message Queue，MQ）是一种应用程序对应用程序的通信方法，应用程序通过读写出入队列的消息（针对应用程序的数据）通信，而无须专用连接来链接它们。

消息队列中间件是分布式系统中重要的组件，主要解决应用耦合、异步消息、流量削锋等问题、实现高性能、高可用、可伸缩和最终一致性架构。主流消息队列包括 ActiveMQ、RabbitMQ、ZeroMQ、Kafka、MetaMQ、RocketMQ 等。

消息传递指的是程序之间通过在消息中发送数据进行通信，而不是通过直接调用彼此来通信，直接调用通常是用于诸如远程过程调用的技术。

排队指的是应用程序通过队列来通信，队列的使用除去了接收和发送应用程序同时执行的要求。RabbitMQ 是一个在 AMQP 基础上完整的、可复用的企业消息系统，遵循 GPL 开源协议。

OpenStack 的架构决定了需要使用消息队列机制实现不同模块间的通信，通过消息验证、消息转换、消息路由架构模式，带来的好处就是可以使模块之间最大程度解耦，客户端不需要关注服务端的位置和是否存在，只需通过消息队列进行信息的发送。

RabbitMQ 适合部署在一个拓扑灵活、易扩展的规模化系统环境中，有效保证不同模块、不同节点、不同进程之间消息通信的时效性，可有效支持 OpenStack 云平台系统的规模化部署、弹性扩展、灵活架构以及信息安全的需求。

9.7 MQ 应用场景

1）MQ 异步信息场景

MQ 应用的场合非常多，例如某个论坛网站，用户注册信息后，需要发注册邮件和注册短信，如图 9-3 所示。

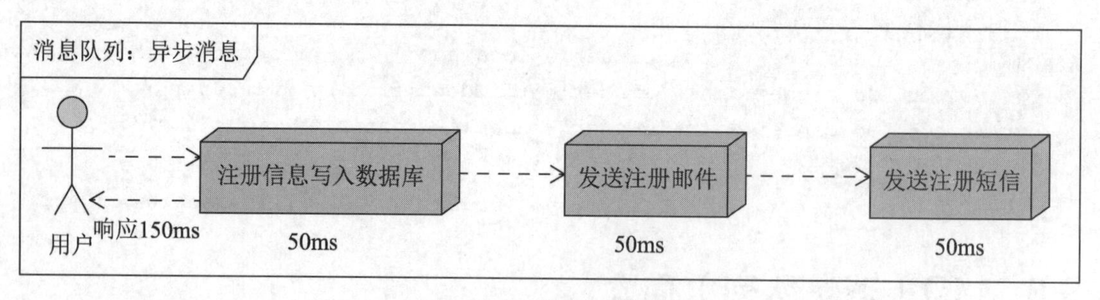

图 9-3　MQ 异步信息场景

将注册信息写入数据库成功后，发送注册邮件，再发送注册短信。以上三个任务全部完成后，返回给客户端，总共花费时间为 150ms。

引入消息队列后，将不是必需的业务逻辑异步处理。改造后的架构如图 9-4 所示。

用户的响应时间相当于注册信息写入数据库的时间，为 50ms。注册邮件，发送短信写入消息队列后，直接返回，这样写入消息队列的速度很快，耗时基本可以忽略，因此用户的响应时间可能是 50ms。

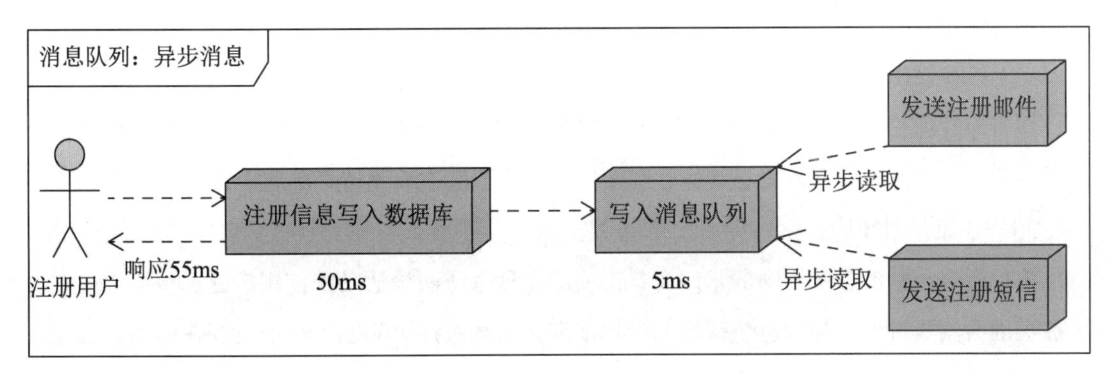

图 9-4　改造后的架构

2）MQ 应用解耦场景

用户下单后，订单系统需要通知库存系统。传统的做法订单系统调用库存系统的接口，缺点是假如库存系统无法访问，则订单减库存将失败，从而导致订单失败，如图 9-5 所示。

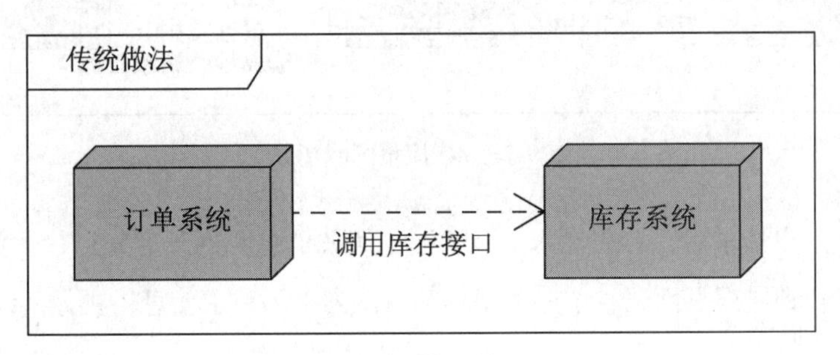

图 9-5　传统做法

引入应用消息队列后的方案如图 9-6 所示。

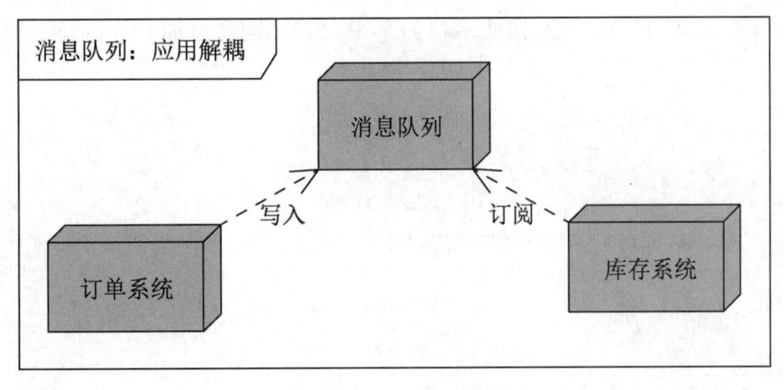

图 9-6　引入消息队列

（1）订单系统：用户下单后，订单系统完成持久化处理，将消息写入消息队列，返回用户订单下单成功。

（2）库存系统：订阅下单的消息，采用拉/推的方式，获取下单信息，库存系统根据下单信息，进行库存操作。下单时即使库存系统不能正常使用，也不影响正常下单，因为下单后，订单系统写入消息队列就不再关心其他后续操作，实现了订单系统与库存系统的应用解耦。

3）MQ 流量削峰场景

流量削峰也是消息队列中的常用场景，一般在秒杀或团抢活动中使用广泛。秒杀活动中，一般会因为流量过大，导致流量暴增，应用崩溃。为解决这个问题，一般需要在应用前端加入消息队列。其优点是可以控制活动的人数，缓解短时间内高流量压垮应用，如图 9-7 所示。

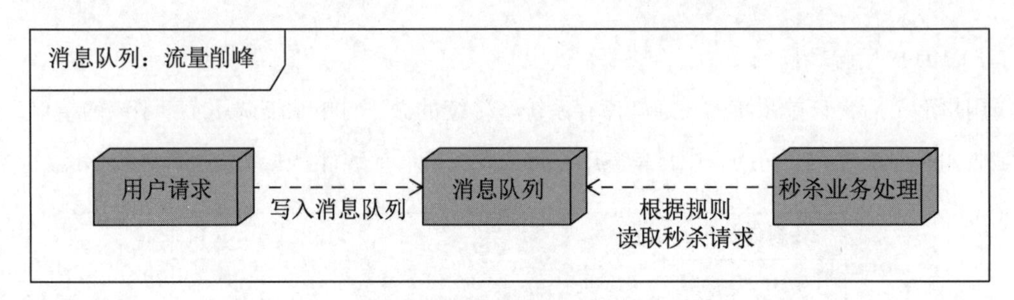

图 9-7　MQ 流量削峰场景

服务器接收用户请求后，首先写入消息队列，假如消息队列长度超过最大数量，则直接抛弃用户请求或跳转到错误页面，秒杀业务根据消息队列中的请求信息，再做后续处理。

9.8　安装配置 RabbitMQ

（1）启动 RabbitMQ 服务，默认监听端口为 TCP 5672，同时添加 OpenStack 通信用户，操作指令如下：

```
systemctl enable rabbitmq-server.service
systemctl start rabbitmq-server.service
rabbitmqctl add_user openstack openstack
rabbitmqctl set_permissions openstack ".*" ".*" ".*"
rabbitmq-plugins list
rabbitmq-plugins enable rabbitmq_management
systemctl restart rabbitmq-server.service
lsof -i :15672
```

（2）访问 RabbitMQ，访问地址是 http://192.168.1.120:15672，如图 9-8 所示。

图 9-8　RabbitMQ 登录界面

（3）使用默认用户名/密码 guest 登录，添加 OpenStack 用户到组并登录测试，如图 9-9 所示。

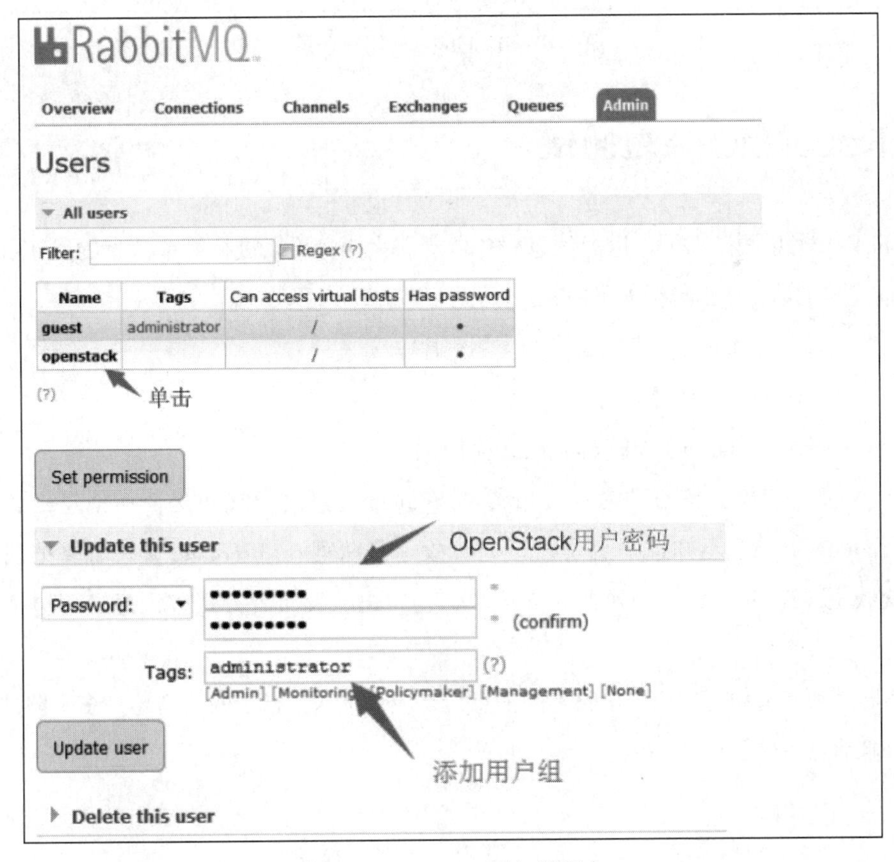

图 9-9　RabbitMQ 添加新用户

（4）创建完毕，使用 OpenStack 用户和密码登录，如图 9-10 所示。

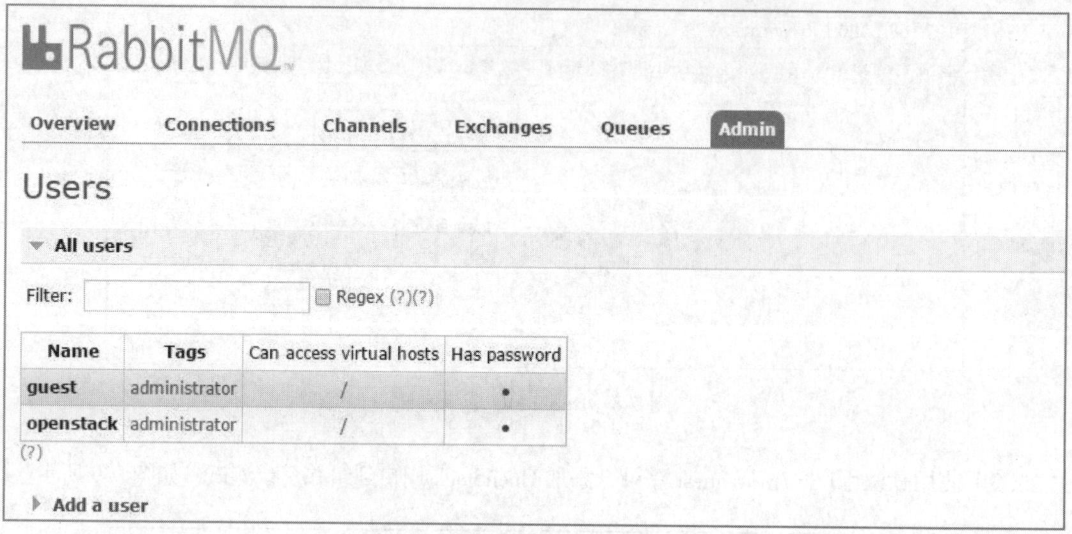

RabbitMQ

Overview Connections Channels Exchanges Queues Admin

Users

▼ All users

Filter: Regex (?)(?)

Name	Tags	Can access virtual hosts	Has password
guest	administrator	/	•
openstack	administrator	/	•

(?)

▶ Add a user

图 9-10 RabbitMQ 新用户登录

9.9 RabbitMQ 消息测试

RabbitMQ 消息测试如下。以上消息服务器部署完毕，可以进行简单消息的发布和订阅。RabbitMQ 完整的消息通信包括如下内容。

（1）发布者（Producer）：发布消息的应用程序。

（2）队列（Queue）：用于消息存储的缓冲。

（3）消费者（Consumer）：接收消息的应用程序。

RabbitMQ 消息模型核心理念：发布者（Producer）不会直接发送任何消息给队列，发布者（Producer）甚至不知道消息是否已经被投递到队列，（Producer）只需要把消息发送给一个交换器（Exchange）。交换器非常简单，它一边从发布者方接收消息，一边把消息推入队列。

交换器必须知道如何处理它接收到的消息，是应该推送到指定的队列还是多个队列，或者是直接忽略消息，如图 9-11 所示。

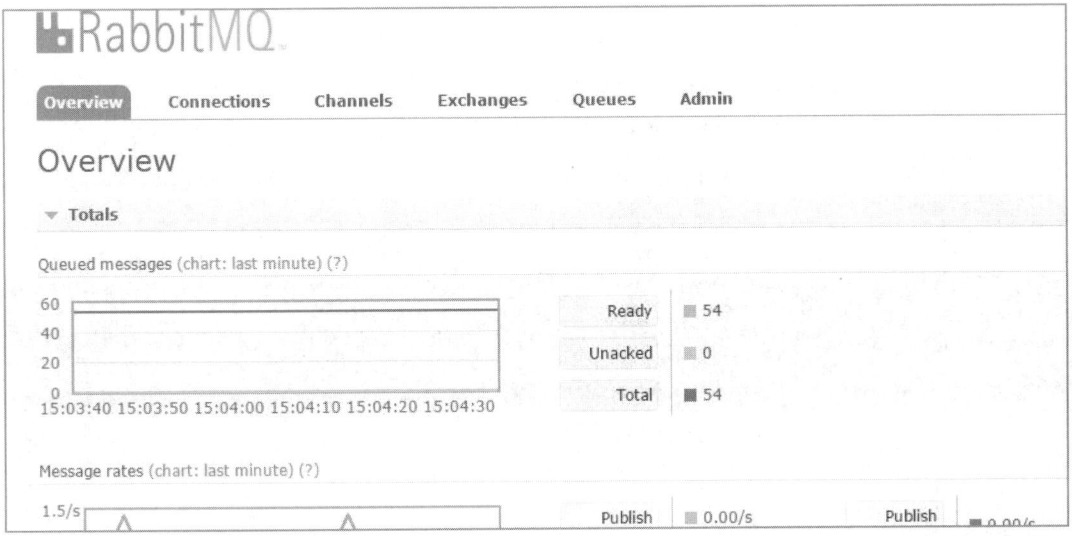

（a）

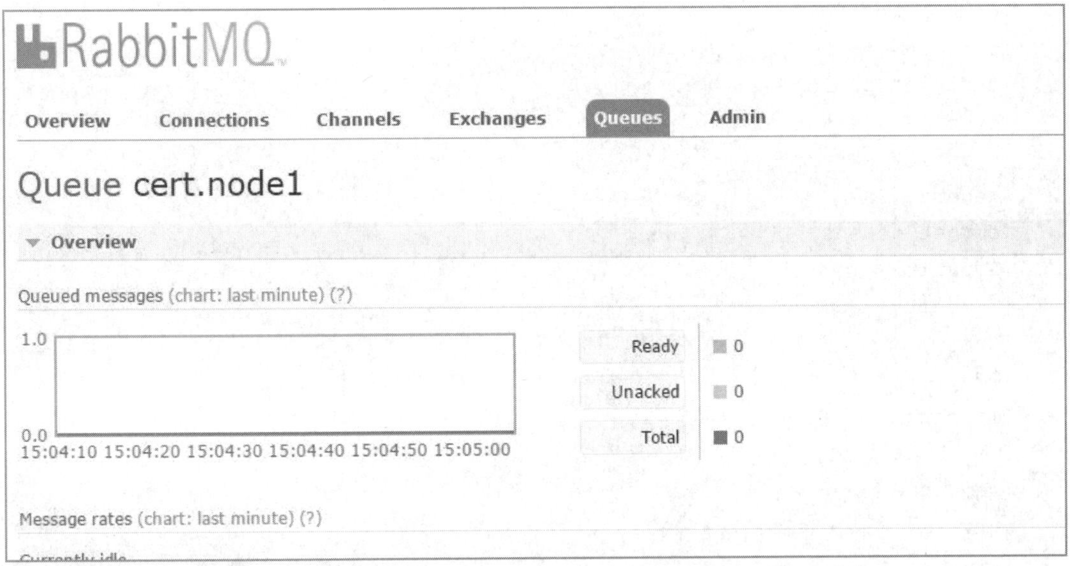

（b）

图 9-11　RabbitMQ Web 界面

9.10　配置 Keystone 验证服务

Keystone 可以为 OpenStack 其他服务提供身份验证、服务规则和服务令牌的功能，管理 Domains、Projects、Users、Groups 和 Roles。

（1）配置 Keystone 服务，操作指令如下：

```
ID='openssl rand -hex 10';echo $ID
cat >/etc/keystone/keystone.conf<<EOF
[DEFAULT]
admin_token=$ID
verbose=true
[assignment]
[auth]
[cache]
[catalog]
[cors]
[cors.subdomain]
[credential]
[database]
connection=mysql://keystone:keystone@192.168.1.120/keystone
[domain_config]
[endpoint_filter]
[endpoint_policy]
[eventlet_server]
[eventlet_server_ssl]
[federation]
[fernet_tokens]
[identity]
[identity_mapping]
[kvs]
[ldap]
[matchmaker_redis]
[matchmaker_ring]
[memcache]
servers=192.168.1.120:11211
[oauth1]
[os_inherit]
[oslo_messaging_amqp]
[oslo_messaging_qpid]
[oslo_messaging_rabbit]
[oslo_middleware]
[oslo_policy]
[paste_deploy]
[policy]
[resource]
```

```
[revoke]
driver=sql
[role]
[saml]
[signing]
[ssl]
[token]
provider=uuid
driver=memcache
[tokenless_auth]
[trust]
EOF
#创建数据库表,使用命令同步
su -s /bin/sh -c "keystone-manage db_sync" keystone
tail -n 10  /var/log/keystone/keystone.log
```

（2）配置并启动 Memcached 和 Apache 服务，操作指令如下：

```
sed -i 's/OPTIONS=.*/OPTIONS=\"0.0.0.0\"/g' /etc/sysconfig/memcached
systemctl enable memcached
systemctl start memcached
cat>/etc/httpd/conf.d/wsgi-keystone.conf<<EOF
Listen 5000
Listen 35357
<VirtualHost *:5000>
WSGIDaemonProcess keystone-public processes=5 threads=1 user=keystone
group=keystone display-name=%{GROUP}
WSGIProcessGroup keystone-public
WSGIScriptAlias / /usr/bin/keystone-wsgi-public
WSGIApplicationGroup %{GLOBAL}
WSGIPassAuthorization On
<IfVersion >= 2.4>
ErrorLogFormat "%{cu}t %M"
</IfVersion>
ErrorLog /var/log/httpd/keystone-error.log
CustomLog /var/log/httpd/keystone-access.log combined
<Directory /usr/bin>
<IfVersion >= 2.4>
Require all granted
</IfVersion>
<IfVersion < 2.4>
```

```
Order allow,deny
Allow from all
</IfVersion>
</Directory>
</VirtualHost>
<VirtualHost *:35357>
WSGIDaemonProcess keystone-admin processes=5 threads=1 user=keystone
group=keystone display-name=%{GROUP}
WSGIProcessGroup keystone-admin
WSGIScriptAlias / /usr/bin/keystone-wsgi-admin
WSGIApplicationGroup %{GLOBAL}
WSGIPassAuthorization On
<IfVersion >= 2.4>
ErrorLogFormat "%{cu}t %M"
</IfVersion>
ErrorLog /var/log/httpd/keystone-error.log
CustomLog /var/log/httpd/keystone-access.log combined
<Directory /usr/bin>
<IfVersion >= 2.4>
Require all granted
</IfVersion>
<IfVersion < 2.4>
Order allow,deny
Allow from all
</IfVersion>
</Directory>
</VirtualHost>
EOF
systemctl enable httpd
systemctl restart httpd
netstat -lntup|grep httpd
```

（3）创建 Keystone 用户，临时设置 admin_token 用户的环境变量，用来创建用户。

```
export OS_TOKEN=$ID
export OS_URL=http://192.168.1.120:35357/v3
export OS_IDENTITY_API_VERSION=3
#创建 admin 项目,创建 admin 用户,密码均为 admin
openstack project create --domain default --description "Admin Project" admin
openstack user create --domain default --password-prompt admin
```

（4）创建一个普通用户 demo，密码为 demo，操作指令如下：

```
openstack role create admin
openstack role add --project admin --user admin admin
openstack project create --domain default --description "Demo Project" demo
openstack user create --domain default --password=demo demo
openstack role create user
openstack role add --project demo --user demo user
#创建 service 项目,用来管理其他服务
openstack project create --domain default --description "Service Project"
service
```

（5）检查 OpenStack 用户是否正常，如图 9-12 所示。

```
openstack user list
openstack project list
```

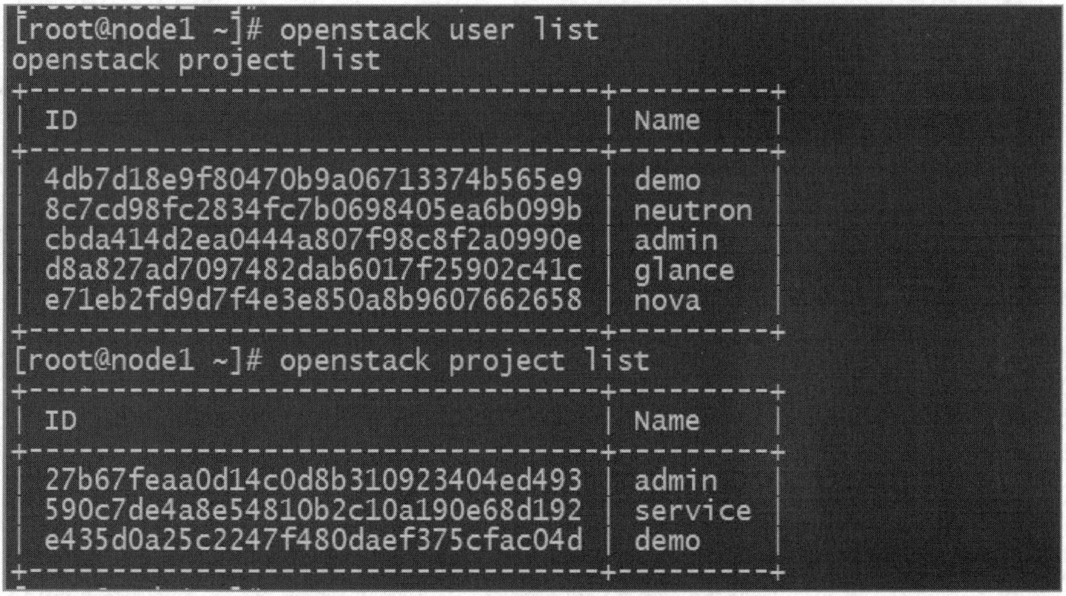

```
[root@node1 ~]# openstack user list
openstack project list
+----------------------------------+---------+
| ID                               | Name    |
+----------------------------------+---------+
| 4db7d18e9f80470b9a06713374b565e9 | demo    |
| 8c7cd98fc2834fc7b0698405ea6b099b | neutron |
| cbda414d2ea0444a807f98c8f2a0990e | admin   |
| d8a827ad7097482dab6017f25902c41c | glance  |
| e71eb2fd9d7f4e3e850a8b9607662658 | nova    |
+----------------------------------+---------+
[root@node1 ~]# openstack project list
+----------------------------------+---------+
| ID                               | Name    |
+----------------------------------+---------+
| 27b67feaa0d14c0d8b310923404ed493 | admin   |
| 590c7de4a8e54810b2c10a190e68d192 | service |
| e435d0a25c2247f480daef375cfac04d | demo    |
+----------------------------------+---------+
```

图 9-12　Keystone 配置查看

（6）注册 Keystone 服务，分别为公共的、内部的、管理的类型，操作指令如下：

```
openstack service  create --name keystone --description "OpenStack
Identity" identity
openstack endpoint  create --region RegionOne identity public http://192.
168.1.120:5000/v2.0
openstack endpoint  create --region RegionOne identity internal http://192.
```

```
168.1.120:5000/v2.0
openstack endpoint create --region RegionOne identity admin http://192.
168.1.120:35357/v2.0
#查看
openstack endpoint list
```

（7）验证，获取 token，只有获取到才能说明 Keystone 配置成功，操作指令如下：

```
#unset OS_TOKEN
#unset OS_URL
openstack --os-auth-url http://192.168.1.120:35357/v3 --os-project-domain-
id default --os-user-domain-id default --os-project-name admin --os-username
admin --os-auth-type password token issue
```

（8）使用环境变量获取 token，环境变量创建虚拟机时需要调用，操作指令如下：

```
cat>admin-openrc.sh<<EOF
export OS_PROJECT_DOMAIN_ID=default
export OS_USER_DOMAIN_ID=default
export OS_PROJECT_NAME=admin
export OS_TENANT_NAME=admin
export OS_USERNAME=admin
export OS_PASSWORD=admin
export OS_AUTH_URL=http://192.168.1.120:35357/v3
export OS_IDENTITY_API_VERSION=3
EOF
cat>demo-openrc.sh<<EOF
export OS_PROJECT_DOMAIN_ID=default
export OS_USER_DOMAIN_ID=default
export OS_PROJECT_NAME=demo
export OS_TENANT_NAME=demo
export OS_USERNAME=demo
export OS_PASSWORD=demo
export OS_AUTH_URL=http://192.168.1.120:5000/v3
export OS_IDENTITY_API_VERSION=3
EOF
unset OS_TOKEN
unset OS_URL
source admin-openrc.sh
openstack token issue
```

9.11 配置 Glance 镜像服务

Glance 是一套虚拟机镜像查找及检索系统，支持多种虚拟机镜像格式（AKI、AMI、ARI、ISO、QCOW2、Raw、VDI、VHD 和 VMDK），有创建上传镜像、删除镜像、编辑镜像基本信息的功能。

（1）修改配置文件/etc/glance/glance-api.conf，操作指令如下：

```
cat>/etc/glance/glance-api.conf<<EOF
[DEFAULT]
verbose=True
notification_driver=noop
#Galnce 不需要消息队列
[database]
connection=mysql://glance:glance@192.168.1.120/glance
[glance_store]
default_store=file
filesystem_store_datadir=/var/lib/glance/images/
[image_format]
[keystone_authtoken]
auth_uri=http://192.168.1.120:5000
auth_url=http://192.168.1.120:35357
auth_plugin=password
project_domain_id=default
user_domain_id=default
project_name=service
username=glance
password=glance
[matchmaker_redis]
[matchmaker_ring]
[oslo_concurrency]
[oslo_messaging_amqp]
[oslo_messaging_qpid]
[oslo_messaging_rabbit]
[oslo_policy]
[paste_deploy]
flavor=keystone
[store_type_location_strategy]
[task]
[taskflow_executor]
EOF
```

（2）修改配置文件/etc/glance/glance-registry.conf，操作指令如下：

```
cat>/etc/glance/glance-registry.conf<<EOF
[DEFAULT]
verbose=True
notification_driver=noop
[database]
connection=mysql://glance:glance@192.168.1.120/glance
[glance_store]
[keystone_authtoken]
auth_uri=http://192.168.1.120:5000
auth_url=http://192.168.1.120:35357
auth_plugin=password
project_domain_id=default
user_domain_id=default
project_name=service
username=glance
password=glance
[matchmaker_redis]
[matchmaker_ring]
[oslo_messaging_amqp]
[oslo_messaging_qpid]
[oslo_messaging_rabbit]
[oslo_policy]
[paste_deploy]
flavor=keystone
EOF
```

（3）创建数据库表，同步数据库 Glance 库，操作指令如下：

```
su -s /bin/sh -c "glance-manage db_sync" glance
su -s /bin/sh -c "glance-manage db_sync" glance
```

（4）创建 Glance 的 Keystone 用户，注册用户信息，操作指令如下：

```
source admin-openrc.sh
openstack user create --domain default --password=glance glance
openstack role add --project service --user glance admin
systemctl enable openstack-glance-api
systemctl enable openstack-glance-registry
systemctl start openstack-glance-api
systemctl start openstack-glance-registry
netstat -lnutp |grep 9191 #registry
netstat -lnutp |grep 9292 #api
```

（5）在 Keystone 上注册，操作指令如下：

```
source admin-openrc.sh
openstack service create --name glance --description "OpenStack Image
service" image
openstack endpoint create --region RegionOne image public http://192.168.
1.120:9292
openstack endpoint create --region RegionOne image internal http://192.168.
1.120:9292
openstack endpoint create --region RegionOne image admin http://192.168.
1.120:9292
```

（6）添加 Glance 环境变量并测试，操作指令如下：

```
echo "export OS_IMAGE_API_VERSION=2" | tee -a admin-openrc.sh demo-openrc.sh
glance image-list
```

（7）下载镜像并上传到 Glance，操作指令如下，最终结果如图 9-13 所示。

```
wget -q http://download.cirros-cloud.net/0.3.4/cirros-0.3.4-x86_64-disk.
img
glance image-create --name "cirros" --file cirros-0.3.4-x86_64-disk.img
--disk-format qcow2 --container-format bare --visibility public --progress
#wget http://cloud.centos.org/centos/7/images/CentOS-7-x86_64-GenericCloud.
qcow2
#glance image-create --name "CentOS-7-x86_64" --file CentOS-7-x86_64
-GenericCloud.qcow2 --disk-format qcow2 --container-format bare --visibility
public --progress
glance image-list
ll /var/lib/glance/images/
```

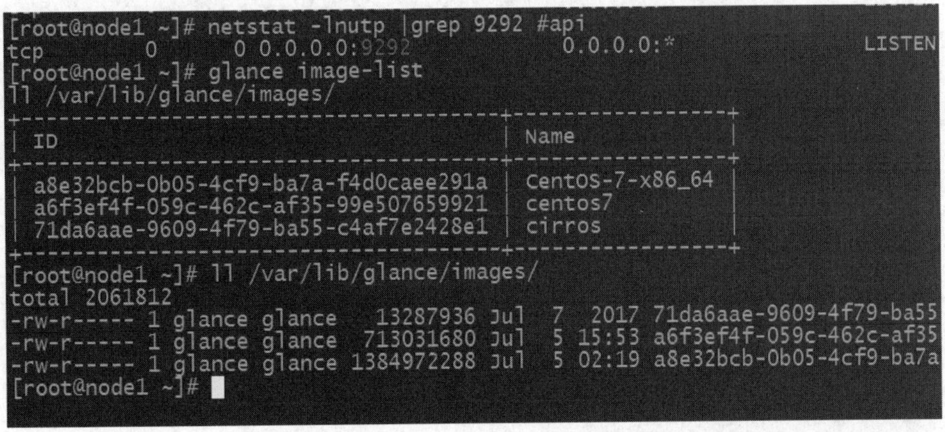

```
[root@node1 ~]# netstat -lnutp |grep 9292 #api
tcp        0      0 0.0.0.0:9292            0.0.0.0:*               LISTEN
[root@node1 ~]# glance image-list
ll /var/lib/glance/images/
+--------------------------------------+-----------------+
| ID                                   | Name            |
+--------------------------------------+-----------------+
| a8e32bcb-0b05-4cf9-ba7a-f4d0caee291a | CentOS-7-x86_64 |
| a6f3ef4f-059c-462c-af35-99e507659921 | centos7         |
| 71da6aae-9609-4f79-ba55-c4af7e2428e1 | cirros          |
+--------------------------------------+-----------------+
[root@node1 ~]# ll /var/lib/glance/images/
total 2061812
-rw-r----- 1 glance glance   13287936 Jul  7  2017 71da6aae-9609-4f79-ba55
-rw-r----- 1 glance glance  713031680 Jul  5 15:53 a6f3ef4f-059c-462c-af35
-rw-r----- 1 glance glance 1384972288 Jul  5 02:19 a8e32bcb-0b05-4cf9-ba7a
[root@node1 ~]#
```

图 9-13　Glance 镜像操作结果

9.12 Nova 控制节点配置

Nova 是一套控制器，用于为单个用户或使用群组管理虚拟机实例的整个生命周期，根据用户需求提供虚拟服务。负责虚拟机创建、开机、关机、挂起、暂停、调整、迁移、重启、销毁等操作，配置 CPU、内存等信息规格，如图 9-14 所示。

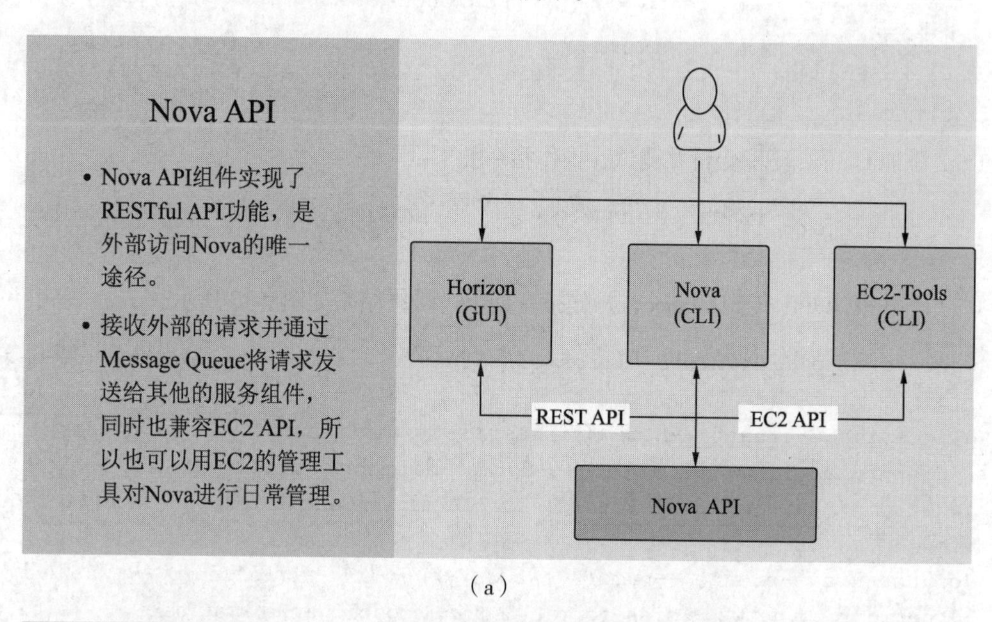

（a）

Nova Scheduler

Nova Scheduler模块在OpenStack中的作用就是决策虚拟机创建在哪个主机（计算节点）上。

决策一个虚机应该调度到某物理节点，需要分两个步骤：

• 过滤（Fliter）
• 计算权值（Weight）

（b）

图 9-14　Nova 内部结构图

（1）配置 Nova 服务，操作指令如下：

```
cat>/etc/nova/nova.conf<<EOF
[DEFAULT]
my_ip=192.168.1.120
enabled_apis=osapi_compute,metadata
auth_strategy=keystone
network_api_class=nova.network.neutronv2.api.API
linuxnet_interface_driver=nova.network.linux_net.NeutronLinuxBridgeInter
faceDriver
security_group_api=neutron
firewall_driver=nova.virt.firewall.NoopFirewallDriver
debug=true
#vif_plugging_is_fatal=False
#vif_plugging_timeout=0
verbose=true
rpc_backend=rabbit
allow_resize_to_same_host=True
scheduler_default_filters=RetryFilter,AvailabilityZoneFilter,RamFilter,
ComputeFilter,ComputeCapabilitiesFilter,ImagePropertiesFilter,ServerGrou
pAntiAffinityFilter,ServerGroupAffinityFilter
[api_database]
[barbican]
[cells]
[cinder]
[conductor]
[cors]
[cors.subdomain]
[database]
connection=mysql://nova:nova@192.168.1.120/nova
[ephemeral_storage_encryption]
[glance]
host=\$my_ip
[guestfs]
[hyperv]
[image_file_url]
[ironic]
[keymgr]
[keystone_authtoken]
auth_uri=http://192.168.1.120:5000
auth_url=http://192.168.1.120:35357
```

```
auth_plugin=password
project_domain_id=default
user_domain_id=default
project_name=service
username=nova
password=nova
[libvirt]
virt_type=qemu
#virt_type=kvm
[matchmaker_redis]
[matchmaker_ring]
[metrics]
[neutron]
url=http://192.168.1.120:9696
auth_url=http://192.168.1.120:35357
auth_plugin=password
project_domain_id=default
user_domain_id=default
region_name=RegionOne
project_name=service
username=neutron
password=neutron
service_metadata_proxy=True
metadata_proxy_shared_secret=neutron
lock_path=/var/lib/nova/tmp
[osapi_v21]
[oslo_concurrency]
[oslo_messaging_amqp]
[oslo_messaging_qpid]
[oslo_messaging_rabbit]
rabbit_host=192.168.1.120
rabbit_port=5672
rabbit_userid=openstack
rabbit_password=openstack
[oslo_middleware]
[rdp]
[serial_console]
[spice]
[ssl]
[trusted_computing]
[upgrade_levels]
```

```
[vmware]
[vnc]
novncproxy_base_url=http://192.168.1.120:6080/vnc_auto.html
vncserver_listen= \$my_ip
vncserver_proxyclient_address= \$my_ip
keymap=en-us
[workarounds]
[xenserver]
[zookeeper]
EOF
```

（2）同步 Nova 数据库并创建 Nova 用户及服务启动，操作指令如下：

```
su -s /bin/sh -c "nova-manage db sync" nova
su -s /bin/sh -c "nova-manage db sync" nova
#创建 Nova Keystone 用户
openstack user create --domain default --password=nova nova
openstack role add --project service --user nova admin
#启动 Nova 相关服务
systemctl enable openstack-nova-api.service openstack-nova-cert.service
openstack-nova-consoleauth.service openstack-nova-scheduler.service openstack-
nova-conductor.service openstack-nova-novncproxy.service
systemctl restart openstack-nova-api.service openstack-nova-cert.service
openstack-nova-consoleauth.service openstack-nova-scheduler.service openstack-
nova-conductor.service openstack-nova-novncproxy.service
#在 Keystone 上注册
source admin-openrc.sh
openstack service create --name nova --description "OpenStack Compute"
compute
openstack endpoint create --region RegionOne compute public http://192.168.
1.120:8774/v2/%\(tenant_id\)s
openstack endpoint create --region RegionOne compute internal http://192.
168.1.120:8774/v2/%\(tenant_id\)s
openstack endpoint create --region RegionOne compute admin http://192.
168.1.120:8774/v2/%\(tenant_id\)s
openstack host list
```

9.13　Nova 计算节点配置

根据以上 Nova 控制节点部署，接下来配置 Nova 计算节点。Nova Compute 介绍如图 9-15 所示。

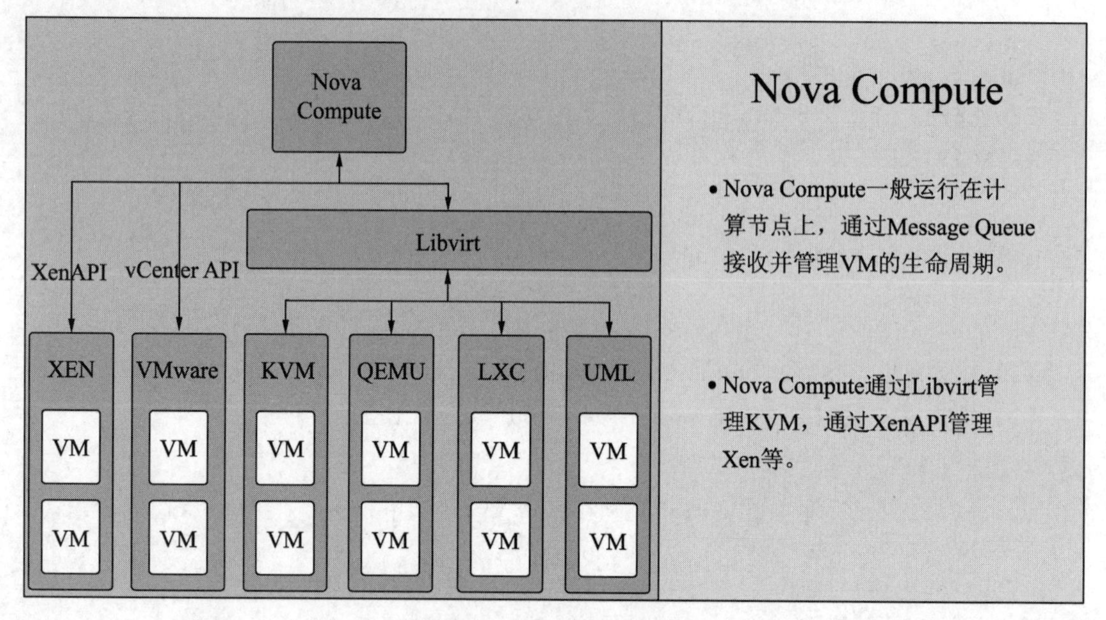

图 9-15 Nova 计算节点结构

（1）Node2 计算节点配置，操作指令如下：

```
#Base
yum install -y epel-release
yum install -y centos-release-openstack-liberty
yum install -y python-openstackclient
#Nova
yum install -y openstack-nova-compute sysfsutils
#Neutron
yum install -y openstack-neutron openstack-neutron-linuxbridge ebtables
ipset
#Cinder
yum install -y openstack-cinder python-cinderclient targetcli python-oslo-
policy
#Update Qemu
yum install -y centos-release-qemu-ev.noarch
yum install qemu-kvm qemu-img -y
```

（2）修改 nova.conf 配置文件，操作指令如下：

```
cat> /etc/nova/nova.conf<<EOF
[DEFAULT]
my_ip=192.168.1.121
```

```
enabled_apis=osapi_compute,metadata
auth_strategy=keystone
network_api_class=nova.network.neutronv2.api.API
linuxnet_interface_driver=nova.network.linux_net.NeutronLinuxBridgeInter
faceDriver
security_group_api=neutron
firewall_driver=nova.virt.firewall.NoopFirewallDriver
debug=true
#vif_plugging_is_fatal=False
#vif_plugging_timeout=0
verbose=true
rpc_backend=rabbit
allow_resize_to_same_host=True
scheduler_default_filters=RetryFilter,AvailabilityZoneFilter,RamFilter,
ComputeFilter,ComputeCapabilitiesFilter,ImagePropertiesFilter,ServerGrou
pAntiAffinityFilter,ServerGroupAffinityFilter
[api_database]
[barbican]
[cells]
[cinder]
[conductor]
[cors]
[cors.subdomain]
[database]
connection=mysql://nova:nova@192.168.1.120/nova
[ephemeral_storage_encryption]
[glance]
host=192.168.1.120
[guestfs]
[hyperv]
[image_file_url]
[ironic]
[keymgr]
[keystone_authtoken]
auth_uri=http://192.168.1.120:5000
auth_url=http://192.168.1.120:35357
auth_plugin=password
project_domain_id=default
user_domain_id=default
project_name=service
```

```
username=nova
password=nova
[libvirt]
virt_type=qemu
#virt_type=kvm
[matchmaker_redis]
[matchmaker_ring]
[metrics]
[neutron]
url=http://192.168.1.120:9696
auth_url=http://192.168.1.120:35357
auth_plugin=password
project_domain_id=default
user_domain_id=default
region_name=RegionOne
project_name=service
username=neutron
password=neutron
service_metadata_proxy=True
metadata_proxy_shared_secret=neutron
lock_path=/var/lib/nova/tmp
[osapi_v21]
[oslo_concurrency]
[oslo_messaging_amqp]
[oslo_messaging_qpid]
[oslo_messaging_rabbit]
rabbit_host=192.168.1.120
rabbit_port=5672
rabbit_userid=openstack
rabbit_password=openstack
[oslo_middleware]
[rdp]
[serial_console]
[spice]
[ssl]
[trusted_computing]
[upgrade_levels]
[vmware]
[vnc]
novncproxy_base_url=http://192.168.1.120:6080/vnc_auto.html
```

```
vncserver_listen=0.0.0.0
vncserver_proxyclient_address=\$my_ip
keymap=en-us
[workarounds]
[xenserver]
[zookeeper]
EOF
```

（3）启动 Nova 节点相关服务，操作指令如下：

```
systemctl enable libvirtd openstack-nova-compute
systemctl restart libvirtd openstack-nova-compute
```

9.14　OpenStack 节点测试

根据如上步骤和指令的配置，OpenStack 控制节点与计算节点配置完毕，以下为在计算节点进行测试，如图 9-16 所示，操作指令如下：

```
openstack host list
glance image-list
nova image-list
```

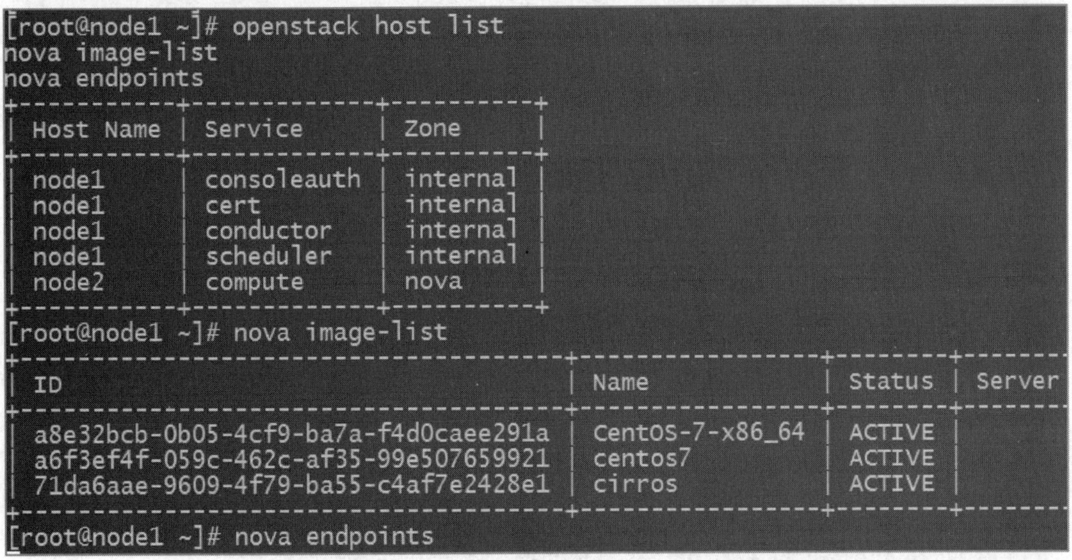

```
[root@node1 ~]# openstack host list
nova image-list
nova endpoints
+-----------+--------------+----------+
| Host Name | Service      | Zone     |
+-----------+--------------+----------+
| node1     | consoleauth  | internal |
| node1     | cert         | internal |
| node1     | conductor    | internal |
| node1     | scheduler    | internal |
| node2     | compute      | nova     |
+-----------+--------------+----------+
[root@node1 ~]# nova image-list
+--------------------------------------+-----------------+--------+--------
| ID                                   | Name            | Status | Server
+--------------------------------------+-----------------+--------+--------
| a8e32bcb-0b05-4cf9-ba7a-f4d0caee291a | CentOS-7-x86_64 | ACTIVE |
| a6f3ef4f-059c-462c-af35-99e507659921 | centos7         | ACTIVE |
| 71da6aae-9609-4f79-ba55-c4af7e2428e1 | cirros          | ACTIVE |
+--------------------------------------+-----------------+--------+--------
[root@node1 ~]# nova endpoints
```

（a）

图 9-16　OpenStack 节点测试和验证

```
+-----------+-----------------------------------+
+-----------+-----------------------------------+
| glance    | Value                             |
+-----------+-----------------------------------+
| id        | 33aad9a889174d869db1da405c36d9f0  |
| interface | internal                          |
| region    | RegionOne                         |
| region_id | RegionOne                         |
| url       | http://192.168.1.120:9292         |
+-----------+-----------------------------------+
+-----------+-----------------------------------+
| glance    | Value                             |
+-----------+-----------------------------------+
| id        | b525d77c086d4e24b3a7583a9891a150  |
| interface | public                            |
| region    | RegionOne                         |
| region_id | RegionOne                         |
| url       | http://192.168.1.120:9292         |
+-----------+-----------------------------------+
WARNING: glance has no endpoint in ! Available endpoints for this ser
WARNING: neutron has no endpoint in ! Available endpoints for this se
WARNING: neutron has no endpoint in ! Available endpoints for this se
```

（b）

图 9-16 （续）

9.15 Neutron 控制节点配置

Neutron 是提供云计算的网络虚拟化技术，为 OpenStack 其他服务提供网络连接服务。为用户提供接口，可以定义 Network、Subnet、Router，配置 DHCP、DNS、负载均衡、L3 服务，网络支持 GRE、VLAN。插件架构支持许多主流的网络厂家和技术，如 OpenSwitch，如图 9-17 所示。

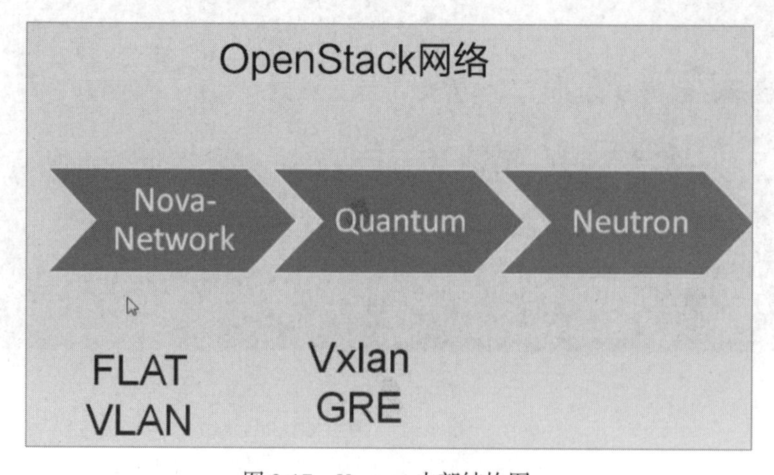

图 9-17 Neutron 内部结构图

（1）Neutron 控制节点配置，修改/etc/neutron/neutron.conf 文件，操作指令如下：

```
cat>/etc/neutron/neutron.conf<<EOF
[DEFAULT]
state_path=/var/lib/neutron
core_plugin=ml2
service_plugins=router
auth_strategy=keystone
notify_nova_on_port_status_changes=True
notify_nova_on_port_data_changes=True
nova_url=http://192.168.1.120:8774/v2
rpc_backend=rabbit
[matchmaker_redis]
[matchmaker_ring]
[quotas]
[agent]
[keystone_authtoken]
auth_uri=http://192.168.1.120:5000
auth_url=http://192.168.1.120:35357
auth_plugin=password
project_domain_id=default
user_domain_id=default
project_name=service
username=neutron
password=neutron
admin_tenant_name=%SERVICE_TENANT_NAME%
admin_user=%SERVICE_USER%
admin_password=%SERVICE_PASSWORD%
[database]
connection=mysql://neutron:neutron@192.168.1.120:3306/neutron
[nova]
auth_url=http://192.168.1.120:35357
auth_plugin=password
project_domain_id=default
user_domain_id=default
region_name=RegionOne
project_name=service
username=nova
password=nova
[oslo_concurrency]
lock_path=$state_path/lock
[oslo_policy]
[oslo_messaging_amqp]
[oslo_messaging_qpid]
[oslo_messaging_rabbit]
```

```
rabbit_host=192.168.1.120
rabbit_port=5672
rabbit_userid=openstack
rabbit_password=openstack
[qos]
EOF
```

（2）按照以上步骤配置完成之后，需要创建配置文件 ml2_conf.ini、linuxbridge_agent.ini、dhcp_agent.ini、metadata_agent.ini，操作指令如下：

```
cat>/etc/neutron/plugins/ml2/ml2_conf.ini<<EOF
[ml2]
type_drivers=flat,vlan,gre,vxlan,geneve
tenant_network_types=vlan,gre,vxlan,geneve
mechanism_drivers=openvswitch,linuxbridge
extension_drivers=port_security
[ml2_type_flat]
flat_networks=physnet1
[ml2_type_vlan]
[ml2_type_gre]
[ml2_type_vxlan]
[ml2_type_geneve]
[securitygroup]
enable_ipset=True
EOF
cat>/etc/neutron/plugins/ml2/linuxbridge_agent.ini<<EOF
[linux_bridge]
physical_interface_mappings=physnet1:eth0
[vxlan]
enable_vxlan=false
[agent]
prevent_arp_spoofing=True
[securitygroup]
firewall_driver=neutron.agent.linux.iptables_firewall.IptablesFirewall
Driver
enable_security_group=True
EOF
cat>/etc/neutron/dhcp_agent.ini<<EOF
[DEFAULT]
interface_driver=neutron.agent.linux.interface.BridgeInterfaceDriver
dhcp_driver=neutron.agent.linux.dhcp.Dnsmasq
enable_isolated_metadata=true
[AGENT]
EOF
cat>/etc/neutron/metadata_agent.ini<<EOF
[DEFAULT]
```

```
auth_uri=http://192.168.1.120:5000
auth_url=http://192.168.1.120:35357
auth_region=RegionOne
auth_plugin=password
project_domain_id=default
user_domain_id=default
project_name=service
username=neutron
password=neutron
nova_metadata_ip=192.168.1.120
metadata_proxy_shared_secret=neutron
admin_tenant_name=%SERVICE_TENANT_NAME%
admin_user=%SERVICE_USER%
admin_password=%SERVICE_PASSWORD%
[AGENT]
EOF
```

（3）创建连接并创建 Keystone 的用户 Neutron，更新数据库信息及注册至 Keystone 中，操作指令如下：

```
#创建连接并创建 Keystone 的用户
ln -s /etc/neutron/plugins/ml2/ml2_conf.ini /etc/neutron/plugin.ini
openstack user create --domain default --password=neutron neutron
openstack role add --project service --user neutron admin
#更新数据库
su -s /bin/sh -c "neutron-db-manage --config-file /etc/neutron/neutron.conf
--config-file /etc/neutron/plugins/ml2/ml2_conf.ini upgrade head" neutron
su -s /bin/sh -c "neutron-db-manage --config-file /etc/neutron/neutron.conf
--config-file /etc/neutron/plugins/ml2/ml2_conf.ini upgrade head" neutron
#注册 Keystone
source admin-openrc.sh
openstack service create --name neutron --description "OpenStack Networking"
network
openstack endpoint create --region RegionOne network public http://192.
168.1.120:9696
openstack endpoint create --region RegionOne network internal http://192.
168.1.120:9696
openstack endpoint create --region RegionOne network admin http://192.
168.1.120:9696
```

（4）因为 Neutron 和 Nova 有联系，操作 Neutron 时修改 Nova 的配置文件，Nova.conf 与 Neutron 关联配置，需要重启 OpenStack-Nova-API 服务，操作指令如下：

```
systemctl restart openstack-nova-api.service openstack-nova-cert.service
openstack-nova-consoleauth.service openstack-nova-scheduler.service openstack-
nova-conductor.service openstack-nova-novncproxy.service
```

```
systemctl enable neutron-server.service neutron-linuxbridge-agent.service
neutron-dhcp-agent.service neutron-metadata-agent.service
systemctl restart neutron-server.service neutron-linuxbridge-agent.service
neutron-dhcp-agent.service neutron-metadata-agent.service
mkdir -p /lock;chmod 777 -R /lock
```

（5）Neutron 配置检查操作指令如下，如图 9-18 所示。

```
neutron agent-list
openstack endpoint list
```

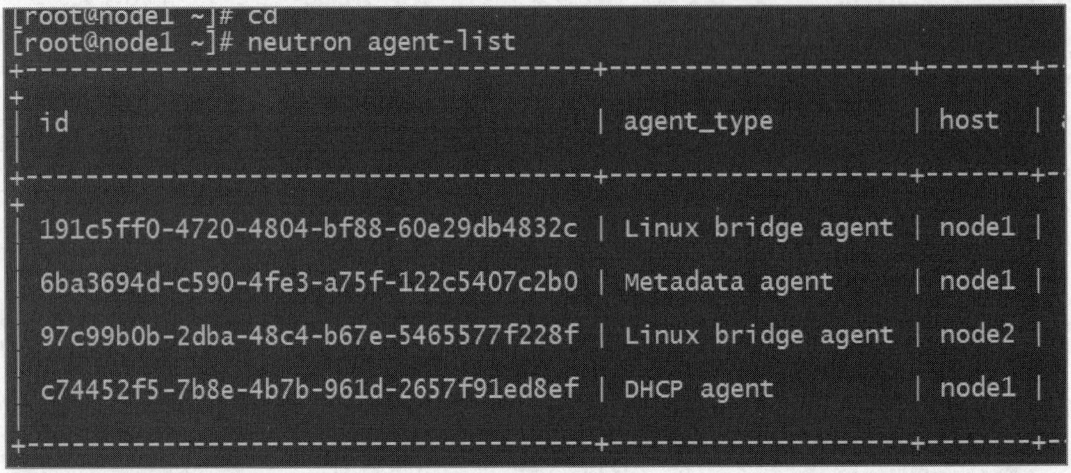

```
[root@node1 ~]# cd
[root@node1 ~]# neutron agent-list
+--------------------------------------+--------------------+-------+-
+
| id                                   | agent_type         | host  |
|
+--------------------------------------+--------------------+-------+-
+
| 191c5ff0-4720-4804-bf88-60e29db4832c | Linux bridge agent | node1 |
|
| 6ba3694d-c590-4fe3-a75f-122c5407c2b0 | Metadata agent     | node1 |
|
| 97c99b0b-2dba-48c4-b67e-5465577f228f | Linux bridge agent | node2 |
|
| c74452f5-7b8e-4b7b-961d-2657f91ed8ef | DHCP agent         | node1 |
|
+--------------------------------------+--------------------+-------+-
```

（a）

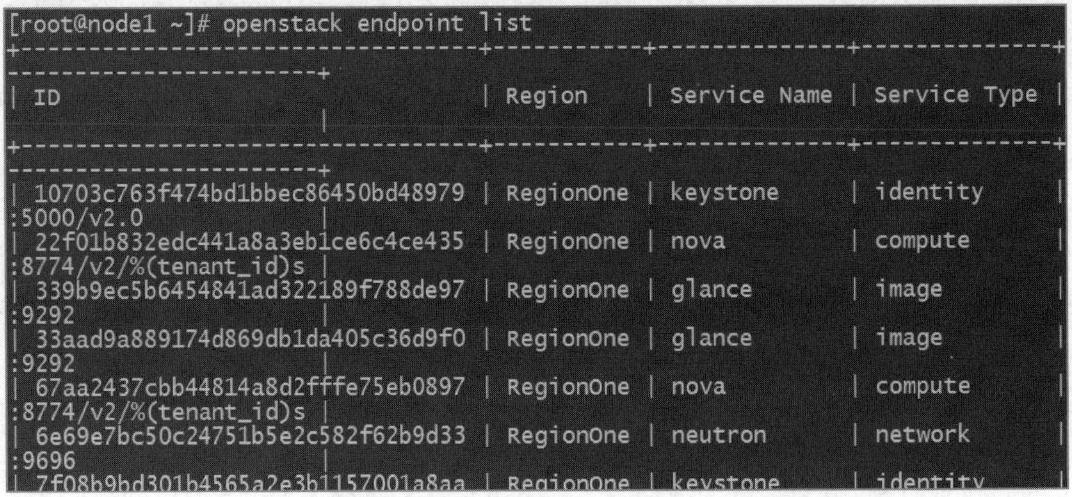

```
[root@node1 ~]# openstack endpoint list
+----------------------------------+-----------+--------------+--------------+
-----------------------+
| ID                               | Region    | Service Name | Service Type |
                       |
+----------------------------------+-----------+--------------+--------------+
-----------------------+
| 10703c763f474bd1bbec86450bd48979 | RegionOne | keystone     | identity     |
:5000/v2.0             |
| 22f01b832edc441a8a3eb1ce6c4ce435 | RegionOne | nova         | compute      |
:8774/v2/%(tenant_id)s |
| 339b9ec5b6454841ad322189f788de97 | RegionOne | glance       | image        |
:9292                  |
| 33aad9a889174d869db1da405c36d9f0 | RegionOne | glance       | image        |
:9292                  |
| 67aa2437cbb44814a8d2fffe75eb0897 | RegionOne | nova         | compute      |
:8774/v2/%(tenant_id)s |
| 6e69e7bc50c24751b5e2c582f62b9d33 | RegionOne | neutron      | network      |
:9696                  |
| 7f08b9bd301b4565a2e3b1157001a8aa | RegionOne | keystone     | identity     |
```

（b）

图 9-18　Neutron 控制节点配置验证

9.16 Neutron 计算节点配置

（1）修改 Neutron 计算节点配置文件/etc/neutron/neutron.conf，操作指令如下：

```
cat>/etc/neutron/neutron.conf<<EOF
[DEFAULT]
state_path=/var/lib/neutron
core_plugin=ml2
service_plugins=router
auth_strategy=keystone
notify_nova_on_port_status_changes=True
notify_nova_on_port_data_changes=True
nova_url=http://192.168.1.120:8774/v2
rpc_backend=rabbit
[matchmaker_redis]
[matchmaker_ring]
[quotas]
[agent]
[keystone_authtoken]
auth_uri=http://192.168.1.120:5000
auth_url=http://192.168.1.120:35357
auth_plugin=password
project_domain_id=default
user_domain_id=default
project_name=service
username=neutron
password=neutron
admin_tenant_name=%SERVICE_TENANT_NAME%
admin_user=%SERVICE_USER%
admin_password=%SERVICE_PASSWORD%
[database]
connection=mysql://neutron:neutron@192.168.1.120:3306/neutron
[nova]
auth_url=http://192.168.1.120:35357
auth_plugin=password
project_domain_id=default
user_domain_id=default
```

```
region_name=RegionOne
project_name=service
username=nova
password=nova
[oslo_concurrency]
lock_path=$state_path/lock
[oslo_policy]
[oslo_messaging_amqp]
[oslo_messaging_qpid]
[oslo_messaging_rabbit]
rabbit_host=192.168.1.120
rabbit_port=5672
rabbit_userid=openstack
rabbit_password=openstack
[qos]
EOF
```

（2）修改相关配置文件 linuxbridge_agent.ini、ml2_conf.ini，操作指令如下：

```
cat>/etc/neutron/plugins/ml2/linuxbridge_agent.ini<<EOF
[linux_bridge]
physical_interface_mappings=physnet1:eth0
[vxlan]
enable_vxlan=false
[agent]
prevent_arp_spoofing=True
[securitygroup]
firewall_driver=neutron.agent.linux.iptables_firewall.IptablesFirewall
Driver
enable_security_group=True
EOF
cat>/etc/neutron/plugins/ml2/ml2_conf.ini<<EOF
[ml2]
type_drivers=flat,vlan,gre,vxlan,geneve
tenant_network_types=vlan,gre,vxlan,geneve
mechanism_drivers=openvswitch,linuxbridge
extension_drivers=port_security
[ml2_type_flat]
flat_networks=physnet1
```

```
[ml2_type_vlan]
[ml2_type_gre]
[ml2_type_vxlan]
[ml2_type_geneve]
[securitygroup]
enable_ipset=True
EOF
mkdir -p /lock;chmod 777 -R /lock
ln -s /etc/neutron/plugins/ml2/ml2_conf.ini /etc/neutron/plugin.ini
systemctl enable neutron-linuxbridge-agent.service
systemctl restart neutron-linuxbridge-agent.service
```

9.17　OpenStack 控制节点网桥

（1）检查控制节点及计算节点信息，操作指令如下，如图 9-19 所示。

```
neutron agent-list
```

```
[root@node1 ~]# neutron agent-list
+--------------------------------------+--------------------+-------+-------
+
| id                                   | agent_type         | host  | alive
|
+--------------------------------------+--------------------+-------+-------
+
| 191c5ff0-4720-4804-bf88-60e29db4832c | Linux bridge agent | node1 | :-)
|
| 6ba3694d-c590-4fe3-a75f-122c5407c2b0 | Metadata agent     | node1 | :-)
|
| 97c99b0b-2dba-48c4-b67e-5465577f228f | Linux bridge agent | node2 | :-)
|
| c74452f5-7b8e-4b7b-961d-2657f91ed8ef | DHCP agent         | node1 | :-)
|
+--------------------------------------+--------------------+-------+-------
+
```

图 9-19　OpenStack 控制节点网桥

（2）在 OpenStack 控制节点创建新的网桥信息，操作指令如下，如图 9-20 所示。

```
source admin-openrc.sh
neutron net-create flat --shared --provider:physical_network physnet1
--provider:network_type flat
neutron subnet-create flat 192.168.1.0/24 --name flat-subnet --allocation
-pool start=192.168.1.140,end=192.168.1.200 --dns-nameserver 192.168.1.1
```

```
--gateway 192.168.1.1
neutron net-list
neutron subnet-list
```

```
[root@node1 ~]# neutron net-list
neutron subnet-list
+--------------------------------------+------+----------------------------------------
| id                                   | name | subnets
+--------------------------------------+------+----------------------------------------
| 2d642a8c-d0c6-444e-828c-6a988539ddad | flat | a22d1bde-2ff1-4073-9703-6f7eca626bb8 19
+--------------------------------------+------+----------------------------------------
[root@node1 ~]# neutron subnet-list
+--------------------------------------+-------------+----------------+-----------------
--+
| id                                   | name        | cidr           | allocation_pool
  |
+--------------------------------------+-------------+----------------+-----------------
--+
| a22d1bde-2ff1-4073-9703-6f7eca626bb8 | flat-subnet | 192.168.1.0/24 | {"start": "192.
} |
+--------------------------------------+-------------+----------------+-----------------
--+
```

图 9-20　OpenStack 控制节点网桥信息

（3）创建虚拟机，为 vm 分配内网 IP，创建 key，操作指令如下：

```
#创建 key
ssh-keygen -t rsa -P '' -f ~/.ssh/id_rsa
nova keypair-add --pub-key /root/.ssh/id_rsa.pub mykey
nova keypair-list
#创建安全组
nova secgroup-add-rule default icmp -1 -1 0.0.0.0/0
nova secgroup-add-rule default tcp 22 22 0.0.0.0/0
nova secgroup-add-rule default tcp 80 80 0.0.0.0/0
#查看支持的虚拟机类型
nova flavor-list
#查看镜像
nova image-list
#查看网络
neutron net-list
```

（4）网桥配置完毕，接下来创建 OpenStack 虚拟机，操作指令如下，如图 9-21 所示。

```
nova boot --flavor m1.tiny --image cirros --nic net-id=6277d20f-d033-
42b8-96bc-6565ff07e8a3 --security-group default --key-name mykey hello-
instance
```

（5）创建虚拟机时，OpenStack 在 Neutron 组网内采用 dhcp-agent 自动分配 IP，可以在创建虚拟机时指定固定 IP。

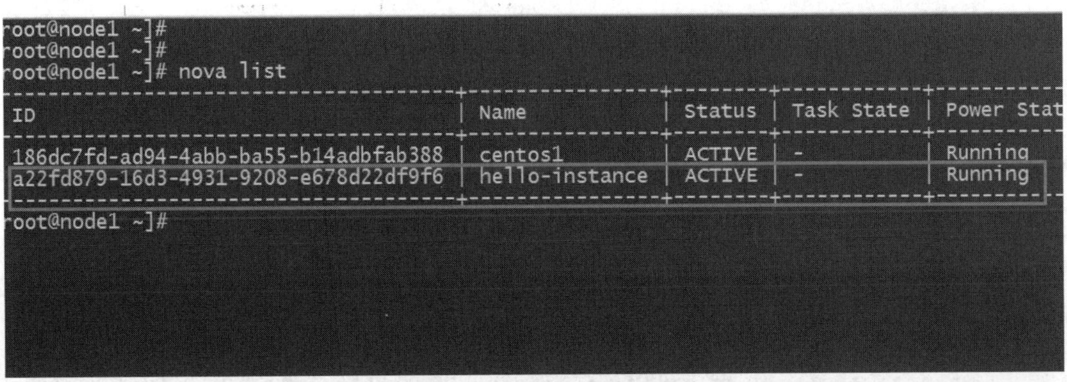

```
root@node1 ~]#
root@node1 ~]#
root@node1 ~]# nova list
-------------------------------------+---------------------+---------+------------+------------
 ID                                  | Name                | Status  | Task State | Power Stat
-------------------------------------+---------------------+---------+------------+------------
 186dc7fd-ad94-4abb-ba55-b14adbfab388 | centos1            | ACTIVE  | -          | Running
 a22fd879-16d3-4931-9208-e678d22df9f6 | hello-instance     | ACTIVE  | -          | Running
-------------------------------------+---------------------+---------+------------+------------
root@node1 ~]#
```

图 9-21　OpenStack 虚拟机创建

9.18　控制节点配置 Dashboard

OpenStack Web 平台主要用于简化用户对服务的操作，例如启动实例、分配 IP 地址、配置访问控制等。通过 Dashboard Web 界面可以管理 OpenStack，操作指令如下：

```
yum install openstack-dashboard -y
cat> /etc/openstack-dashboard/local_settings<<EOF
import os
from django.utils.translation import ugettext_lazy as _
from openstack_dashboard import exceptions
from openstack_dashboard.settings import HORIZON_CONFIG
DEBUG=False
TEMPLATE_DEBUG=DEBUG
#WEBROOT is the location relative to Webserver root
#should end with a slash.
WEBROOT='/dashboard/'
#LOGIN_URL=WEBROOT + 'auth/login/'
#LOGOUT_URL=WEBROOT + 'auth/logout/'
#LOGIN_REDIRECT_URL can be used as an alternative for
#HORIZON_CONFIG.user_home, if user_home is not set.
#Do not set it to '/home/', as this will cause circular redirect loop
#LOGIN_REDIRECT_URL=WEBROOT
#Required for Django 1.5.
#If horizon is running in production (DEBUG is False), set this
#with the list of host/domain names that the application can serve.
#For more information see:
#https://docs.djangoproject.com/en/dev/ref/settings/#allowed-hosts
```

```
ALLOWED_HOSTS=['*']
#Set SSL proxy settings:
#For Django 1.4+ pass this header from the proxy after terminating the SSL,
#and don't forget to strip it from the client's request.
#For more information see:
#https://docs.djangoproject.com/en/1.4/ref/settings/#secure-proxy-
ssl-header
#SECURE_PROXY_SSL_HEADER=('HTTP_X_FORWARDED_PROTOCOL', 'https')
#https://docs.djangoproject.com/en/1.5/ref/settings/#secure-proxy-
ssl-header
#SECURE_PROXY_SSL_HEADER=('HTTP_X_FORWARDED_PROTO', 'https')
#If Horizon is being served through SSL, then uncomment the following two
#settings to better secure the cookies from security exploits
#CSRF_COOKIE_SECURE=True
#SESSION_COOKIE_SECURE=True
#Overrides for OpenStack API versions. Use this setting to force the
#OpenStack dashboard to use a specific API version for a given service API.
#Versions specified here should be integers or floats, not strings.
#NOTE: The version should be formatted as it appears in the URL for the
#service API. For example, The identity service APIs have inconsistent
#use of the decimal point, so valid options would be 2.0 or 3.
#OPENSTACK_API_VERSIONS={
#    "data-processing": 1.1,
#    "identity": 3,
#    "volume": 2,
#}

#Set this to True if running on multi-domain model. When this is enabled,
#it
# will require user to enter the Domain name in addition to username for login.
#OPENSTACK_KEYSTONE_MULTIDOMAIN_SUPPORT=False
#Overrides the default domain used when running on single-domain model
#with Keystone V3. All entities will be created in the default domain.
#OPENSTACK_KEYSTONE_DEFAULT_DOMAIN='Default'
#Set Console type:
#valid options are "AUTO"(default), "VNC", "SPICE", "RDP", "SERIAL" or None
#Set to None explicitly if you want to deactivate the console.
#ONSOLE_TYPE="AUTO"
#Show backdrop element outside the modal, do not close the modal
#after clicking on backdrop.
#HORIZON_CONFIG["modal_backdrop"]="static"
```

```
#Specify a regular expression to validate user passwords.
#HORIZON_CONFIG["password_validator"]={
#    "regex": '.*',
#    "help_text": _("Your password does not meet the requirements."),
#}
#Disable simplified floating IP address management for deployments with
#multiple floating IP pools or complex network requirements.
#HORIZON_CONFIG["simple_ip_management"]=False
#Turn off browser autocompletion for forms including the login form and
#the database creation workflow if so desired.
#HORIZON_CONFIG["password_autocomplete"]="off"
#Setting this to True will disable the reveal button for password fields,
#including on the login form.
#HORIZON_CONFIG["disable_password_reveal"]=False
LOCAL_PATH='/tmp'
#Set custom secret key:
#You can either set it to a specific value or you can let horizon generate a
#default secret key that is unique on this machine, e.i. regardless of the
#amount of Python WSGI workers (if used behind Apache+mod_wsgi): However,
#there may be situations where you would want to set this explicitly, e.g.
#when multiple dashboard instances are distributed on different machines
#(usually behind a load-balancer). Either you have to make sure that a session
#gets all requests routed to the same dashboard instance or you set the same
#SECRET_KEY for all of them.
SECRET_KEY='36c739e5c252f9e014d9'
# We recommend you use memcached for development; otherwise after every reload
#of the django development server, you will have to login again. To use
#memcached set CACHES to something like
CACHES={
    'default': {
        'BACKEND': 'django.core.cache.backends.memcached.MemcachedCache',
        'LOCATION': '192.168.1.120:11211',
    }
}
#CACHES={
#    'default': {
#        'BACKEND': 'django.core.cache.backends.locmem.LocMemCache',
#    }
#}
#Send email to the console by default
EMAIL_BACKEND='django.core.mail.backends.console.EmailBackend'
```

```
#Or send them to /dev/null
#EMAIL_BACKEND='django.core.mail.backends.dummy.EmailBackend'
#Configure these for your outgoing email host
#EMAIL_HOST='smtp.my-company.com'
#EMAIL_PORT=25
#EMAIL_HOST_USER='djangomail'
#EMAIL_HOST_PASSWORD='top-secret!'
#For multiple regions uncomment this configuration, and add (endpoint,
#title).
#AVAILABLE_REGIONS=[
#    ('http://cluster1.example.com:5000/v2.0', 'cluster1'),
#    ('http://cluster2.example.com:5000/v2.0', 'cluster2'),
#]
OPENSTACK_HOST="192.168.1.120"
OPENSTACK_KEYSTONE_URL="http://%s:5000/v2.0" % OPENSTACK_HOST
OPENSTACK_KEYSTONE_DEFAULT_ROLE="user"

#Enables keystone web single-sign-on if set to True.
#WEBSSO_ENABLED=False
#Determines which authentication choice to show as default.
#WEBSSO_INITIAL_CHOICE="credentials"
#The list of authentication mechanisms
#which include keystone federation protocols.
#Current supported protocol IDs are 'saml2' and 'oidc'
#which represent SAML 2.0, OpenID Connect respectively.
#Do not remove the mandatory credentials mechanism.
#WEBSSO_CHOICES=(
#    ("credentials", _("Keystone Credentials")),
#    ("oidc", _("OpenID Connect")),
#    ("saml2", _("Security Assertion Markup Language")))
#Disable SSL certificate checks (useful for self-signed certificates):
#OPENSTACK_SSL_NO_VERIFY=True
#The CA certificate to use to verify SSL connections
#OPENSTACK_SSL_CACERT='/path/to/cacert.pem'
#The OPENSTACK_KEYSTONE_BACKEND settings can be used to identify the
#capabilities of the auth backend for Keystone.
#If Keystone has been configured to use LDAP as the auth backend then set
#can_edit_user to False and name to 'ldap'.
#
#TODO(tres): Remove these once Keystone has an API to identify auth backend.
OPENSTACK_KEYSTONE_BACKEND={
```

```
    'name': 'native',
    'can_edit_user': True,
    'can_edit_group': True,
    'can_edit_project': True,
    'can_edit_domain': True,
    'can_edit_role': True,
}

#Setting this to True, will add a new "Retrieve Password" action on instance,
#allowing Admin session password retrieval/decryption.
#OPENSTACK_ENABLE_PASSWORD_RETRIEVE=False

#The Launch Instance user experience has been significantly enhanced.
#You can choose whether to enable the new launch instance experience,
#the legacy experience, or both. The legacy experience will be removed
#in a future release, but is available as a temporary backup setting to ensure
#compatibility with existing deployments. Further development will not be
#done on the legacy experience. Please report any problems with the new
#experience via the Launchpad tracking system.
#
#Toggle LAUNCH_INSTANCE_LEGACY_ENABLED and LAUNCH_INSTANCE_NG_ENABLED to
#determine the experience to enable.  Set them both to true to enable
#both.
#LAUNCH_INSTANCE_LEGACY_ENABLED=True
#LAUNCH_INSTANCE_NG_ENABLED=False

#The Xen Hypervisor has the ability to set the mount point for volumes
#attached to instances (other Hypervisors currently do not). Setting
#can_set_mount_point to True will add the option to set the mount point
#from the UI.
OPENSTACK_HYPERVISOR_FEATURES={
    'can_set_mount_point': False,
    'can_set_password': False,
    'requires_keypair': False,
}

#The OPENSTACK_CINDER_FEATURES settings can be used to enable optional
#services provided by cinder that is not exposed by its extension API.
OPENSTACK_CINDER_FEATURES={
    'enable_backup': False,
}
```

```
#The OPENSTACK_NEUTRON_NETWORK settings can be used to enable optional
#services provided by neutron. Options currently available are load
#balancer service, security groups, quotas, VPN service.
OPENSTACK_NEUTRON_NETWORK={
    'enable_router': True,
    'enable_quotas': True,
    'enable_ipv6': True,
    'enable_distributed_router': False,
    'enable_ha_router': False,
    'enable_lb': True,
    'enable_firewall': True,
    'enable_vpn': True,
    'enable_fip_topology_check': True,

    #Neutron can be configured with a default Subnet Pool to be used for IPv4
    #subnet-allocation. Specify the label you wish to display in the Address
    #pool selector on the create subnet step if you want to use this feature.
    'default_ipv4_subnet_pool_label': None,

    #Neutron can be configured with a default Subnet Pool to be used for IPv6
    #subnet-allocation. Specify the label you wish to display in the Address
    #pool selector on the create subnet step if you want to use this feature.
    #You must set this to enable IPv6 Prefix Delegation in a PD-capable
    #environment.
    'default_ipv6_subnet_pool_label': None,

    #The profile_support option is used to detect if an external router can
    #be
    #configured via the dashboard. When using specific plugins the
    #profile_support can be turned on if needed.
    'profile_support': None,
    #'profile_support': 'cisco',

    #Set which provider network types are supported. Only the network types
    #in this list will be available to choose from when creating a network.
    #Network types include local, flat, vlan, gre, and vxlan.
    'supported_provider_types': ['*'],

    #Set which VNIC types are supported for port binding. Only the VNIC
    #types in this list will be available to choose from when creating a
```

```
    #port.
    #VNIC types include 'normal', 'macvtap' and 'direct'.
    #Set to empty list or None to disable VNIC type selection.
    'supported_vnic_types': ['*']
}

#The OPENSTACK_IMAGE_BACKEND settings can be used to customize features
#in the OpenStack Dashboard related to the Image service, such as the list
#of supported image formats.
#OPENSTACK_IMAGE_BACKEND={
#    'image_formats': [
#        ('', _('Select format')),
#        ('aki', _('AKI - Amazon Kernel Image')),
#        ('ami', _('AMI - Amazon Machine Image')),
#        ('ari', _('ARI - Amazon Ramdisk Image')),
#        ('docker', _('Docker')),
#        ('iso', _('ISO - Optical Disk Image')),
#        ('ova', _('OVA - Open Virtual Appliance')),
#        ('qcow2', _('QCOW2 - QEMU Emulator')),
#        ('raw', _('Raw')),
#        ('vdi', _('VDI - Virtual Disk Image')),
#        ('vhd', ('VHD - Virtual Hard Disk')),
#        ('vmdk', _('VMDK - Virtual Machine Disk')),
#    ]
#}

#The IMAGE_CUSTOM_PROPERTY_TITLES settings is used to customize the titles
#for
#image custom property attributes that appear on image detail pages.
IMAGE_CUSTOM_PROPERTY_TITLES={
    "architecture": _("Architecture"),
    "kernel_id": _("Kernel ID"),
    "ramdisk_id": _("Ramdisk ID"),
    "image_state": _("Euca2ools state"),
    "project_id": _("Project ID"),
    "image_type": _("Image Type"),
}

#The IMAGE_RESERVED_CUSTOM_PROPERTIES setting is used to specify which image
#custom properties should not be displayed in the Image Custom Properties
#table.
```

```
IMAGE_RESERVED_CUSTOM_PROPERTIES=[]

#OPENSTACK_ENDPOINT_TYPE specifies the endpoint type to use for the endpoints
#in the Keystone service catalog. Use this setting when Horizon is running
#external to the OpenStack environment. The default is 'publicURL'.
#OPENSTACK_ENDPOINT_TYPE="publicURL"

#SECONDARY_ENDPOINT_TYPE specifies the fallback endpoint type to use in the
#case that OPENSTACK_ENDPOINT_TYPE is not present in the endpoints
#in the Keystone service catalog. Use this setting when Horizon is running
#external to the OpenStack environment. The default is None.  This
#value should differ from OPENSTACK_ENDPOINT_TYPE if used.
#SECONDARY_ENDPOINT_TYPE="publicURL"

#The number of objects (Swift containers/objects or images) to display
#on a single page before providing a paging element (a "more" link)
#to paginate results.
API_RESULT_LIMIT=1000
API_RESULT_PAGE_SIZE=20

#The size of chunk in bytes for downloading objects from Swift
SWIFT_FILE_TRANSFER_CHUNK_SIZE=512 * 1024

#Specify a maximum number of items to display in a dropdown.
DROPDOWN_MAX_ITEMS=30

#The timezone of the server. This should correspond with the timezone
#of your entire OpenStack installation, and hopefully be in UTC.
TIME_ZONE="Asia/Shanghai"

#When launching an instance, the menu of available flavors is
#sorted by RAM usage, ascending. If you would like a different sort order,
#you can provide another flavor attribute as sorting key. Alternatively,
#you
#can provide a custom callback method to use for sorting. You can also provide
#a flag for reverse sort. For more info, see
#http://docs.python.org/2/library/functions.html#sorted
#CREATE_INSTANCE_FLAVOR_SORT={
#    'key': 'name',
#     #or
#    'key': my_awesome_callback_method,
```

```
#    'reverse': False,
#}

#Set this to True to display an 'Admin Password' field on the Change Password
#form to verify that it is indeed the admin logged-in who wants to change
#the password.
#ENFORCE_PASSWORD_CHECK=False

#Modules that provide /auth routes that can be used to handle different types
#of user authentication. Add auth plugins that require extra route handling
#to
#this list.
#AUTHENTICATION_URLS=[
#    'openstack_auth.urls',
#]

#The Horizon Policy Enforcement engine uses these values to load per service
#policy rule files. The content of these files should match the files the
#OpenStack services are using to determine role based access control in the
#target installation.


#Map of local copy of service policy files.
#Please insure that your identity policy file matches the one being used
#on
#your keystone servers. There is an alternate policy file that may be used
#in the Keystone v3 multi-domain case, policy.v3cloudsample.json.
#This file is not included in the Horizon repository by default but can be
#found at
#http://git.openstack.org/cgit/openstack/keystone/tree/etc/ \
#policy.v3cloudsample.json
#Having matching policy files on the Horizon and Keystone servers is essential
#for normal operation. This holds true for all services and their policy
#files.
POLICY_FILES_PATH='/etc/openstack-dashboard'
POLICY_FILES_PATH='/etc/openstack-dashboard'
#Map of local copy of service policy files
#POLICY_FILES={
#    'identity': 'keystone_policy.json',
#    'compute': 'nova_policy.json',
#    'volume': 'cinder_policy.json',
```

```
#    'image': 'glance_policy.json',
#    'orchestration': 'heat_policy.json',
#    'network': 'neutron_policy.json',
#    'telemetry': 'ceilometer_policy.json',
#}

#Trove user and database extension support. By default support for
#creating users and databases on database instances is turned on.
#To disable these extensions set the permission here to something
#unusable such as ["!"].
#TROVE_ADD_USER_PERMS=[]
#TROVE_ADD_DATABASE_PERMS=[]

#Change this patch to the appropriate static directory containing
#two files: _variables.scss and _styles.scss
#CUSTOM_THEME_PATH='themes/default'

LOGGING={
    'version': 1,
    #When set to True this will disable all logging except
    #for loggers specified in this configuration dictionary. Note that
    #if nothing is specified here and disable_existing_loggers is True,
    #django.db.backends will still log unless it is disabled explicitly.
    'disable_existing_loggers': False,
    'handlers': {
        'null': {
            'level': 'DEBUG',
            'class': 'django.utils.log.NullHandler',
        },
        'console': {
            #Set the level to "DEBUG" for verbose output logging.
            'level': 'INFO',
            'class': 'logging.StreamHandler',
        },
    },
    'loggers': {
        #Logging from django.db.backends is VERY verbose, send to null
        #by default.
        'django.db.backends': {
            'handlers': ['null'],
            'propagate': False,
```

```
        },
        'requests': {
            'handlers': ['null'],
            'propagate': False,
        },
        'horizon': {
            'handlers': ['console'],
            'level': 'DEBUG',
            'propagate': False,
        },
        'openstack_dashboard': {
            'handlers': ['console'],
            'level': 'DEBUG',
            'propagate': False,
        },
        'novaclient': {
            'handlers': ['console'],
            'level': 'DEBUG',
            'propagate': False,
        },
        'cinderclient': {
            'handlers': ['console'],
            'level': 'DEBUG',
            'propagate': False,
        },
        'keystoneclient': {
            'handlers': ['console'],
            'level': 'DEBUG',
            'propagate': False,
        },
        'glanceclient': {
            'handlers': ['console'],
            'level': 'DEBUG',
            'propagate': False,
        },
        'neutronclient': {
            'handlers': ['console'],
            'level': 'DEBUG',
            'propagate': False,
        },
        'heatclient': {
```

```
            'handlers': ['console'],
            'level': 'DEBUG',
            'propagate': False,
        },
        'ceilometerclient': {
            'handlers': ['console'],
            'level': 'DEBUG',
            'propagate': False,
        },
        'troveclient': {
            'handlers': ['console'],
            'level': 'DEBUG',
            'propagate': False,
        },
        'swiftclient': {
            'handlers': ['console'],
            'level': 'DEBUG',
            'propagate': False,
        },
        'openstack_auth': {
            'handlers': ['console'],
            'level': 'DEBUG',
            'propagate': False,
        },
        'nose.plugins.manager': {
            'handlers': ['console'],
            'level': 'DEBUG',
            'propagate': False,
        },
        'django': {
            'handlers': ['console'],
            'level': 'DEBUG',
            'propagate': False,
        },
        'iso8601': {
            'handlers': ['null'],
            'propagate': False,
        },
        'scss': {
            'handlers': ['null'],
            'propagate': False,
```

```
        },
    }
}

#'direction' should not be specified for all_tcp/udp/icmp.
#It is specified in the form.
SECURITY_GROUP_RULES={
    'all_tcp': {
        'name': _('All TCP'),
        'ip_protocol': 'tcp',
        'from_port': '1',
        'to_port': '65535',
    },
    'all_udp': {
        'name': _('All UDP'),
        'ip_protocol': 'udp',
        'from_port': '1',
        'to_port': '65535',
    },
    'all_icmp': {
        'name': _('All ICMP'),
        'ip_protocol': 'icmp',
        'from_port': '-1',
        'to_port': '-1',
    },
    'ssh': {
        'name': 'SSH',
        'ip_protocol': 'tcp',
        'from_port': '22',
        'to_port': '22',
    },
    'smtp': {
        'name': 'SMTP',
        'ip_protocol': 'tcp',
        'from_port': '25',
        'to_port': '25',
    },
    'dns': {
        'name': 'DNS',
        'ip_protocol': 'tcp',
        'from_port': '53',
```

```
        'to_port': '53',
    },
    'http': {
        'name': 'HTTP',
        'ip_protocol': 'tcp',
        'from_port': '80',
        'to_port': '80',
    },
    'pop3': {
        'name': 'POP3',
        'ip_protocol': 'tcp',
        'from_port': '110',
        'to_port': '110',
    },
    'imap': {
        'name': 'IMAP',
        'ip_protocol': 'tcp',
        'from_port': '143',
        'to_port': '143',
    },
    'ldap': {
        'name': 'LDAP',
        'ip_protocol': 'tcp',
        'from_port': '389',
        'to_port': '389',
    },
    'https': {
        'name': 'HTTPS',
        'ip_protocol': 'tcp',
        'from_port': '443',
        'to_port': '443',
    },
    'smtps': {
        'name': 'SMTPS',
        'ip_protocol': 'tcp',
        'from_port': '465',
        'to_port': '465',
    },
    'imaps': {
        'name': 'IMAPS',
        'ip_protocol': 'tcp',
```

```
        'from_port': '993',
        'to_port': '993',
    },
    'pop3s': {
        'name': 'POP3S',
        'ip_protocol': 'tcp',
        'from_port': '995',
        'to_port': '995',
    },
    'ms_sql': {
        'name': 'MS SQL',
        'ip_protocol': 'tcp',
        'from_port': '1433',
        'to_port': '1433',
    },
    'mysql': {
        'name': 'MYSQL',
        'ip_protocol': 'tcp',
        'from_port': '3306',
        'to_port': '3306',
    },
    'rdp': {
        'name': 'RDP',
        'ip_protocol': 'tcp',
        'from_port': '3389',
        'to_port': '3389',
    },
}

#Deprecation Notice:
#
#The setting FLAVOR_EXTRA_KEYS has been deprecated.
#Please load extra spec metadata into the Glance Metadata Definition Catalog.
#
#The sample quota definitions can be found in:
#<glance_source>/etc/metadefs/compute-quota.json
#
#The metadata definition catalog supports CLI and API:
#$glance --os-image-api-version 2 help md-namespace-import
#$glance-manage db_load_metadefs <directory_with_definition_files>
#
```

```
#See Metadata Definitions on: http://docs.openstack.org/developer/glance/

#Indicate to the Sahara data processing service whether or not
#automatic floating IP allocation is in effect.  If it is not
#in effect, the user will be prompted to choose a floating IP
#pool for use in their cluster.  False by default.  You would want
#to set this to True if you were running Nova Networking with
#auto_assign_floating_ip=True.
#SAHARA_AUTO_IP_ALLOCATION_ENABLED=False

#The hash algorithm to use for authentication tokens. This must
#match the hash algorithm that the identity server and the
#auth_token middleware are using. Allowed values are the
#algorithms supported by Python's hashlib library.
#OPENSTACK_TOKEN_HASH_ALGORITHM='md5'

#Hashing tokens from Keystone keeps the Horizon session data smaller, but
#it
#doesn't work in some cases when using PKI tokens.  Uncomment this value
#and
#set it to False if using PKI tokens and there are 401 errors due to token
#hashing.
#OPENSTACK_TOKEN_HASH_ENABLED=True

#AngularJS requires some settings to be made available to
#the client side. Some settings are required by in-tree / built-in horizon
#features. These settings must be added to REST_API_REQUIRED_SETTINGS in
#the
#form of ['SETTING_1','SETTING_2'], etc.
#
#You may remove settings from this list for security purposes, but do so
#at
#the risk of breaking a built-in horizon feature. These settings are required
#for horizon to function properly. Only remove them if you know what you
#are doing. These settings may in the future be moved to be defined within
#the enabled panel configuration.
#You should not add settings to this list for out of tree extensions.
#See: https://wiki.openstack.org/wiki/Horizon/RESTAPI
REST_API_REQUIRED_SETTINGS=['OPENSTACK_HYPERVISOR_FEATURES']

#Additional settings can be made available to the client side for
```

```
#extensibility by specifying them in REST_API_ADDITIONAL_SETTINGS
#!! Please use extreme caution as the settings are transferred via HTTP/S
#and are not encrypted on the browser. This is an experimental API and
#may be deprecated in the future without notice.
#REST_API_ADDITIONAL_SETTINGS=[]
#DISALLOW_IFRAME_EMBED can be used to prevent Horizon from being embedded
#within an iframe. Legacy browsers are still vulnerable to a Cross-Frame
#Scripting (XFS) vulnerability, so this option allows extra security
#hardening
#where iframes are not used in deployment. Default setting is True.
#For more information see:
#http://tinyurl.com/anticlickjack
#DISALLOW_IFRAME_EMBED=True
EOF
systemctl restart httpd
```

9.19　OpenStack GUI 配置

根据以上所有步骤和指令操作，OpenStack Web 平台部署成功，通过浏览器可以直接访问其 URL 地址 http://192.168.1.120/dashboard/，输入用户名和密码，如图 9-22 所示。

图 9-22　OpenStack 登录界面

（1）查看 OpenStack 实例列表，如图 9-23 所示。

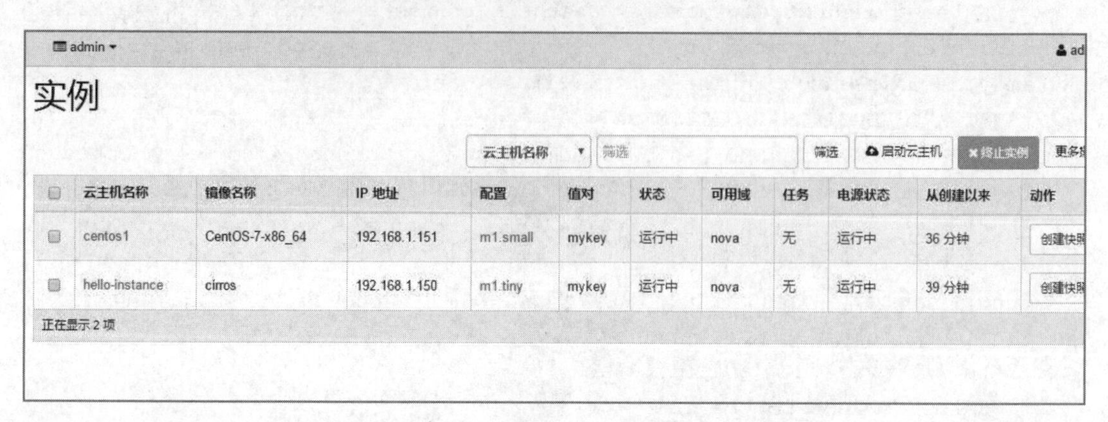

图 9-23　OpenStack 实例列表

（2）查看 OpenStack 具体实例 centos1 列表信息，如图 9-24 所示。

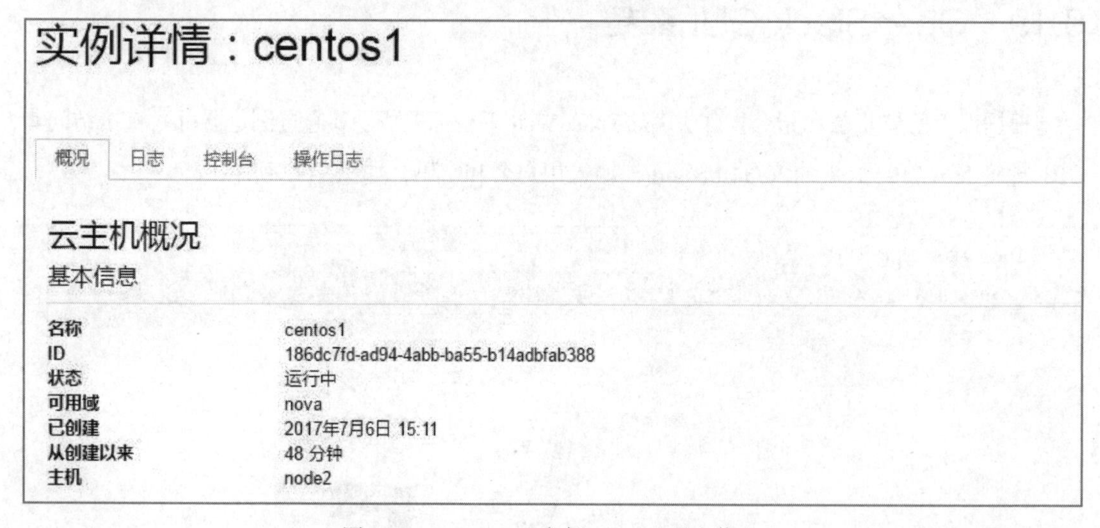

图 9-24　OpenStack 实例 centos1 列表信息

（3）进入 OpenStack 实例 centos1 控制台，如图 9-25 所示。

（a）

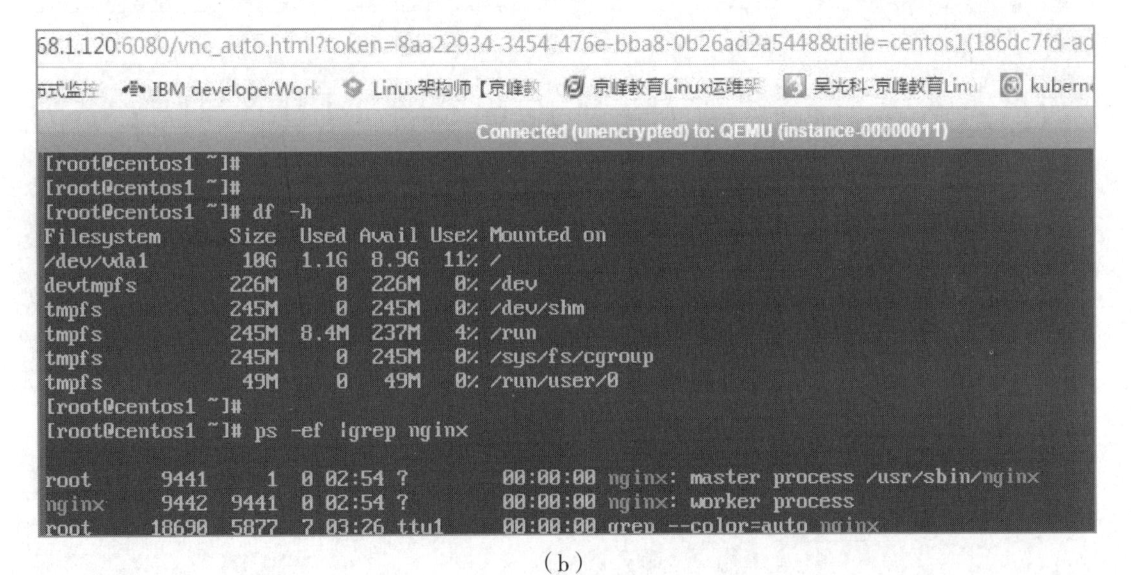

（b）

图 9-25　OpenStack 实例 centos1 控制台

（4）查看 OpenStack 具体实例 centos1 日志信息，如图 9-26 所示。

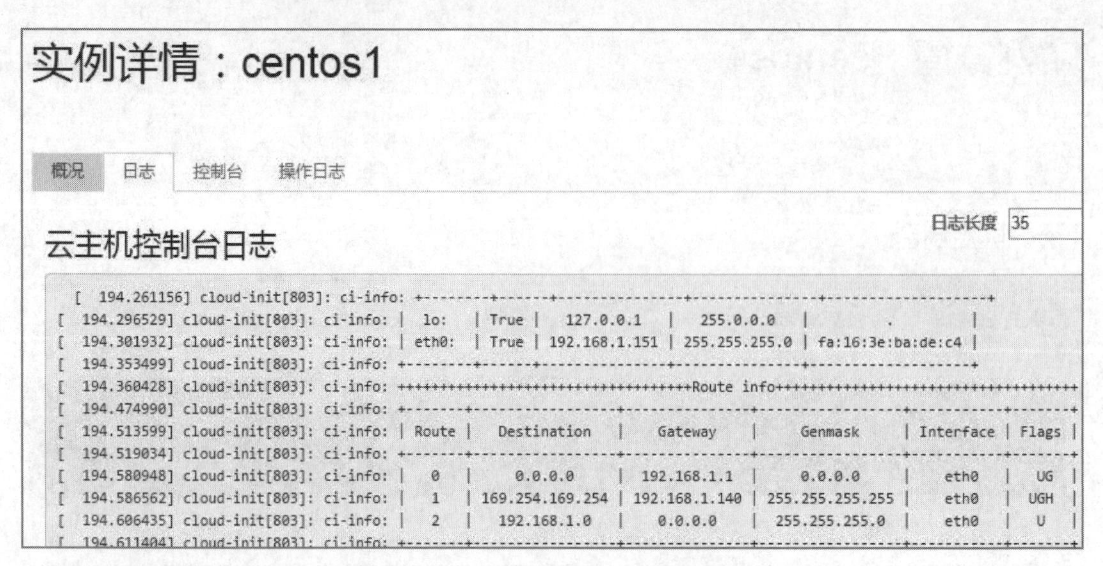

图 9-26　OpenStack 实例 centos1 控制日志

（5）查看 OpenStack 创建云主机可选类型，如图 9-27 所示。

云主机类型

筛选　　+ 创建云主机类型

	云主机类型名称	虚拟内核	内存	根磁盘	临时磁盘	交换盘空间	ID	公有	元数据
☐	m1.tiny	1	512MB	1GB	0GB	0 MB	1	True	{}
☐	m1.small	1	512MB	10GB	0GB	0 MB	c13fce6e-1210-4395-b8a9-a4b0e415c7a3	True	{}
☐	m1.medium	2	4GB	40GB	0GB	0 MB	3	True	{}
☐	m1.large	4	8GB	80GB	0GB	0 MB	4	True	{}
☐	m1.xlarge	8	16GB	160GB	0GB	0 MB	5	True	{}

正在显示 5 项

图 9-27　OpenStack 云主机可选类型

（6）查看 OpenStack 虚拟机管理器，可以看到所有的虚拟机及资源占用情况，如图 9-28 所示。

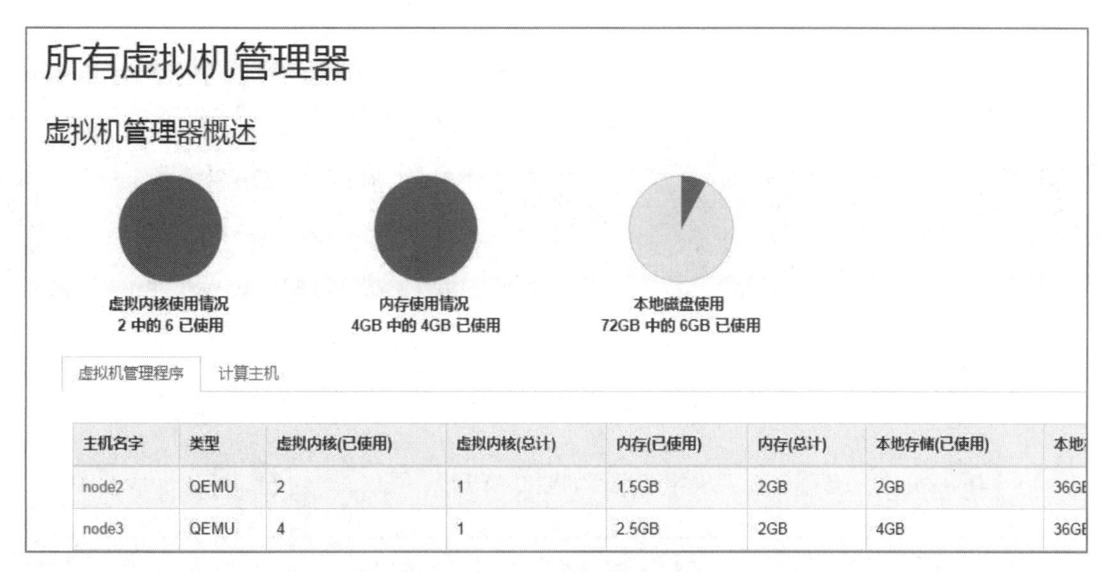

主机名字	类型	虚拟内核(已使用)	虚拟内核(总计)	内存(已使用)	内存(总计)	本地存储(已使用)	本地
node2	QEMU	2	1	1.5GB	2GB	2GB	36GE
node3	QEMU	4	1	2.5GB	2GB	4GB	36GE

图 9-28　OpenStack 虚拟机管理器

（7）查看 OpenStack 平台创建的所有用户列表信息，如图 9-29 所示。

用户

筛选　　+创建用户

用户名	邮箱	用户ID	激活
demo		4db7d18e9f80470b9a06713374b565e9	True
neutron		8c7cd98fc2834fc7b0698405ea6b099b	True
admin		cbda414d2ea0444a807f98c8f2a0990e	True
glance		d8a827ad7097482dab6017f25902c41c	True
nova		e71eb2fd9d7f4e3e850a8b9607662658	True

图 9-29　OpenStack 所有用户列表信息

（8）查看 OpenStack 平台创建的所有项目信息，如图 9-30 所示。

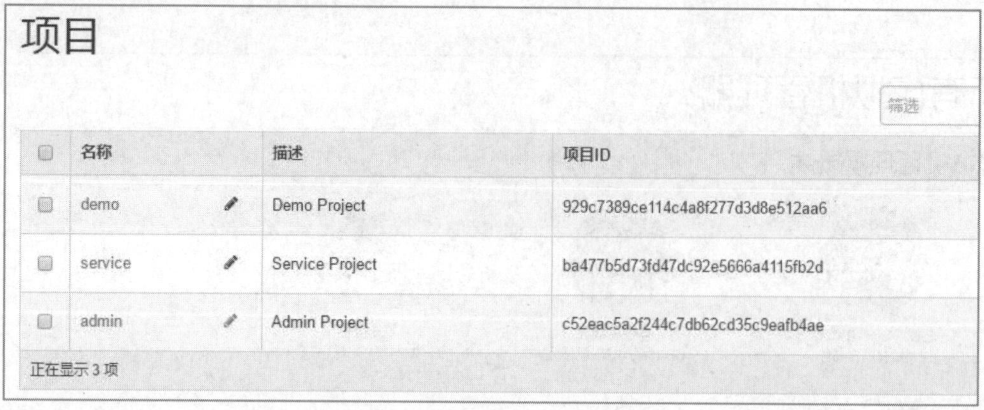

项目

筛选

名称	描述	项目ID
demo	Demo Project	929c7389ce114c4a8f277d3d8e512aa6
service	Service Project	ba477b5d73fd47dc92e5666a4115fb2d
admin	Admin Project	c52eac5a2f244c7db62cd35c9eafb4ae

正在显示 3 项

图 9-30　OpenStack 项目列表信息

（9）OpenStack 平台创建云主机界面操作如图 9-31 所示。

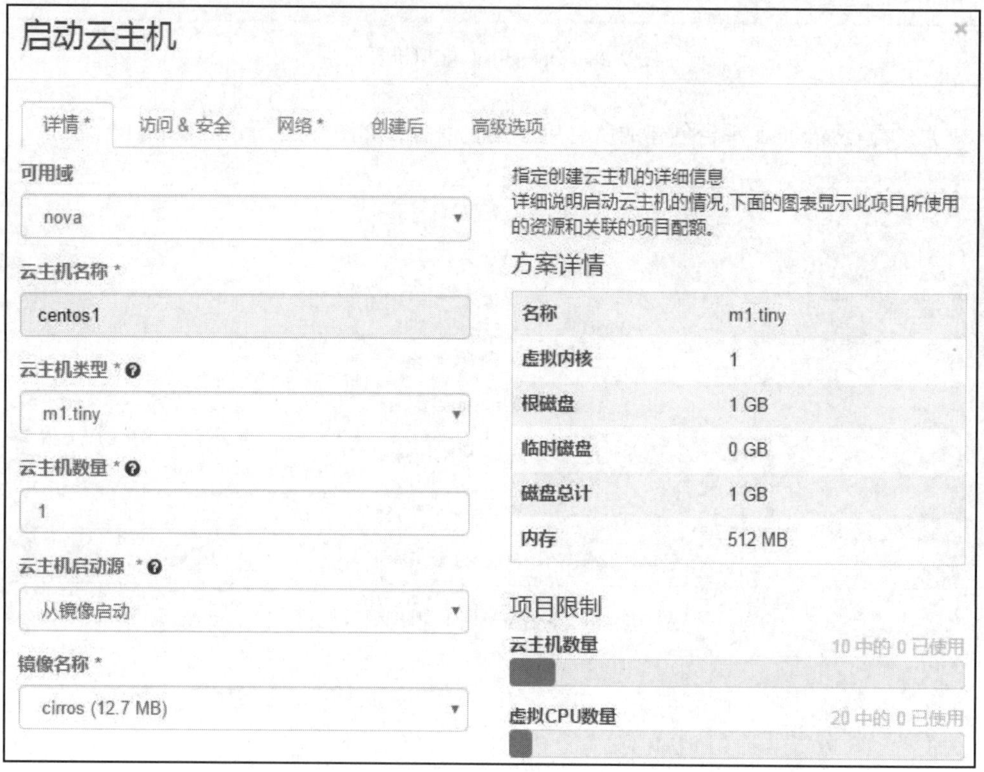

启动云主机

详情 *　访问 & 安全　网络 *　创建后　高级选项

可用域

nova

云主机名称 *

centos1

云主机类型 *

m1.tiny

云主机数量 *

1

云主机启动源 *

从镜像启动

镜像名称 *

cirros (12.7 MB)

指定创建云主机的详细信息

详细说明启动云主机的情况，下面的图表显示此项目所使用的资源和关联的项目配额。

方案详情

名称	m1.tiny
虚拟内核	1
根磁盘	1 GB
临时磁盘	0 GB
磁盘总计	1 GB
内存	512 MB

项目限制

云主机数量　10 中的 0 已使用

虚拟CPU数量　20 中的 0 已使用

（a）

图 9-31　OpenStack 创建云主机界面

admin
实例
成功：启动了2 云主机 名
云主机名称
筛选
筛选
启动云主机
云主机名称
镜像名称
IP 地址
配置
值对
状态
可用域
任务
电源状态
从创建以来
centos1-2
cirros
m1.tiny
mykey
创建
nova
网络
无状态
0 分钟
centos1-1
cirros
m1.tiny
mykey
创建
nova
网络
无状态
0 分钟
正在显示 2 项

(b)

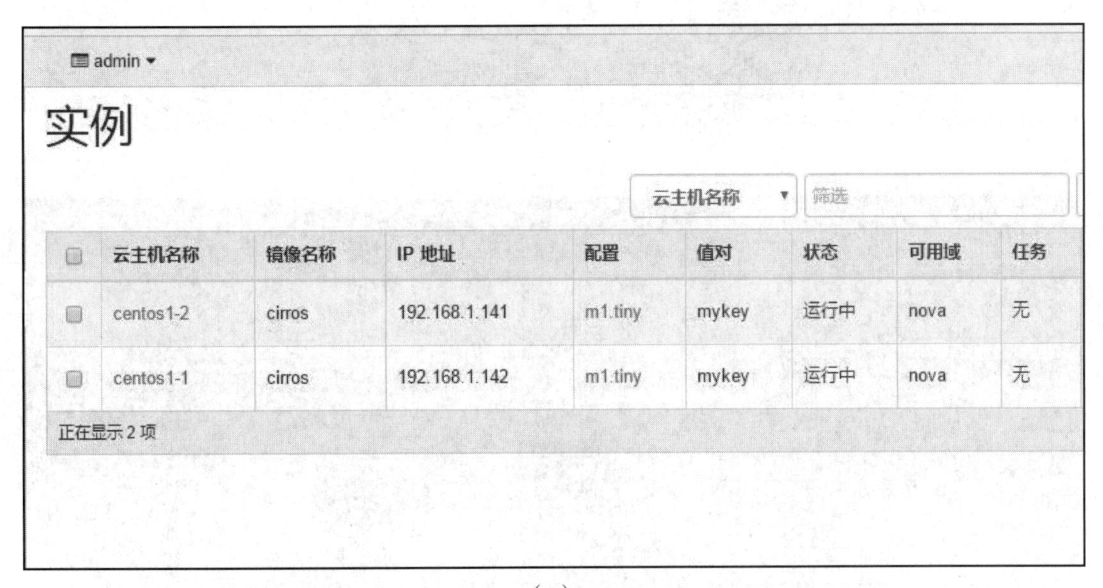
admin
实例
云主机名称
筛选
云主机名称
镜像名称
IP 地址
配置
值对
状态
可用域
任务
centos1-2
cirros
192.168.1.141
m1.tiny
mykey
运行中
nova
无
centos1-1
cirros
192.168.1.142
m1.tiny
mykey
运行中
nova
无
正在显示 2 项

(c)

图 9-31 （续）

（10）SSH 登录 OpenStack 创建的云主机控制台，如图 9-32 所示。

```
[root@node1 ~]# ssh -l root 192.168.1.141
The authenticity of host '192.168.1.141 (192.168.1.141)' can't be estab
RSA key fingerprint is 79:09:b4:68:a8:32:86:f2:bf:51:58:37:17:cf:00:7e.
Are you sure you want to continue connecting (yes/no)? yes
Warning: Permanently added '192.168.1.141' (RSA) to the list of known h
Please login as 'cirros' user, not as root

Connection to 192.168.1.141 closed.
[root@node1 ~]# ssh -l cirros 192.168.1.141
$
$
$ df -h
Filesystem                Size      Used Available Use% Mounted on
/dev                    242.3M         0    242.3M   0% /dev
/dev/vda1                23.2M     18.0M      4.0M  82% /
tmpfs                   245.8M         0    245.8M   0% /dev/shm
tmpfs                   200.0K     72.0K    128.0K  36% /run
$
```

（a）

```
$ ifconfig
eth0      Link encap:Ethernet  HWaddr FA:16:3E:08:3D:9D
          inet addr:192.168.1.141  Bcast:192.168.1.255  Mask:255.255.255.0
          inet6 addr: fe80::f816:3eff:fe08:3d9d/64 Scope:Link
          UP BROADCAST RUNNING MULTICAST  MTU:1500  Metric:1
          RX packets:165 errors:0 dropped:0 overruns:0 frame:0
          TX packets:173 errors:0 dropped:0 overruns:0 carrier:0
          collisions:0 txqueuelen:1000
          RX bytes:22780 (22.2 KiB)  TX bytes:19828 (19.3 KiB)

lo        Link encap:Local Loopback
          inet addr:127.0.0.1  Mask:255.0.0.0
          inet6 addr: ::1/128 Scope:Host
          UP LOOPBACK RUNNING  MTU:16436  Metric:1
          RX packets:0 errors:0 dropped:0 overruns:0 frame:0
          TX packets:0 errors:0 dropped:0 overruns:0 carrier:0
          collisions:0 txqueuelen:0
          RX bytes:0 (0.0 B)  TX bytes:0 (0.0 B)
```

（b）

图 9-32　SSH 登录 OpenStack 创建的云主机控制台

实例

云主机名称 ▾　筛选　筛选　启动云主机

	云主机名称	镜像名称	IP 地址	配置	值对	状态	可用域	任务	电源状态	从创建以来
	centos2-4	cirros	192.168.1.145	m1.tiny	mykey	运行中	nova	无	运行中	1 分钟
	centos2-3	cirros	192.168.1.146	m1.tiny	mykey	运行中	nova	无	运行中	1 分钟
	centos2-2	cirros	192.168.1.144	m1.tiny	mykey	运行中	nova	无	运行中	1 分钟
	centos2-1	cirros	192.168.1.143	m1.tiny	mykey	运行中	nova	无	运行中	1 分钟
	centos1-2	cirros	192.168.1.141	m1.tiny	mykey	运行中	nova	无	运行中	7 分钟
	centos1-1	cirros	192.168.1.142	m1.tiny	mykey	运行中	nova	无	运行中	7 分钟

正在显示 6 项

（c）

图 9-32　（续）

（11）在 OpenStack 创建的云主机上部署 Nginx 网站，通过浏览器访问，如图 9-33 所示。

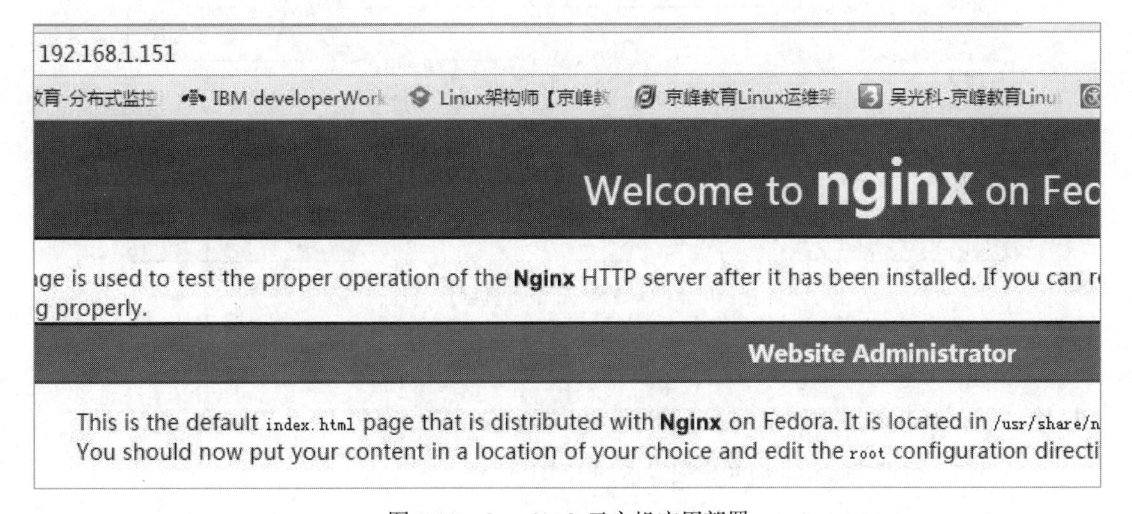

图 9-33　OpenStack 云主机应用部署

9.20　OpenStack 核心流程

OpenStack 由不同的组件组成，学习 OpenStack 最难之处在于理解各个组件的含义，以及整个 OpenStack 创建流程。OpenStack 云主机创建流程如图 9-34 所示。

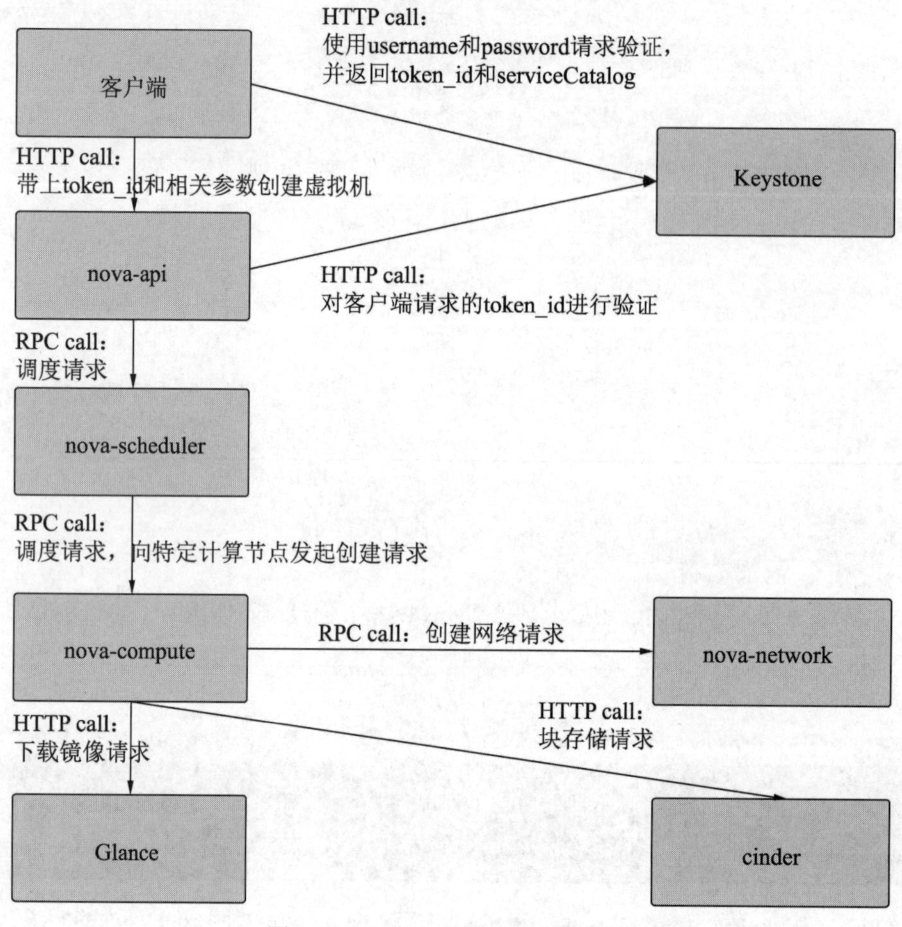

图 9-34 OpenStack 云主机创建流程

（1）OpenStack 创建云主机流程中，涉及的每个组件和服务详解如下。

客户端：Web 页面或者 Horizon、命令行的 Nova client。

Nova API：用于接收和处理客户端发送的 HTTP 请求。

Nova Scheduler：Nova 的调度宿主机的服务，决定虚拟机创建的各个节点。

Nova compute：Nova 核心的服务，负责虚拟机的生命周期的管理。

Nova conductor：数据访问权限的控制操作，可以理解为数据库代理服务。

其他服务：Nova cert 管理证书，为了兼容 aws；Nova vncproxy 和 consoleauth 控制台服务。

不同的模块之间通过 HTTP 请求 REST API 服务。

同一个模块不同组件之间（如 Nova-scheduler 请求 Nova-compute）是 RPC 远程调用，通过 RabbitMQ 来实现。

（2）OpenStack 组件调用步骤如图 9-35 所示。

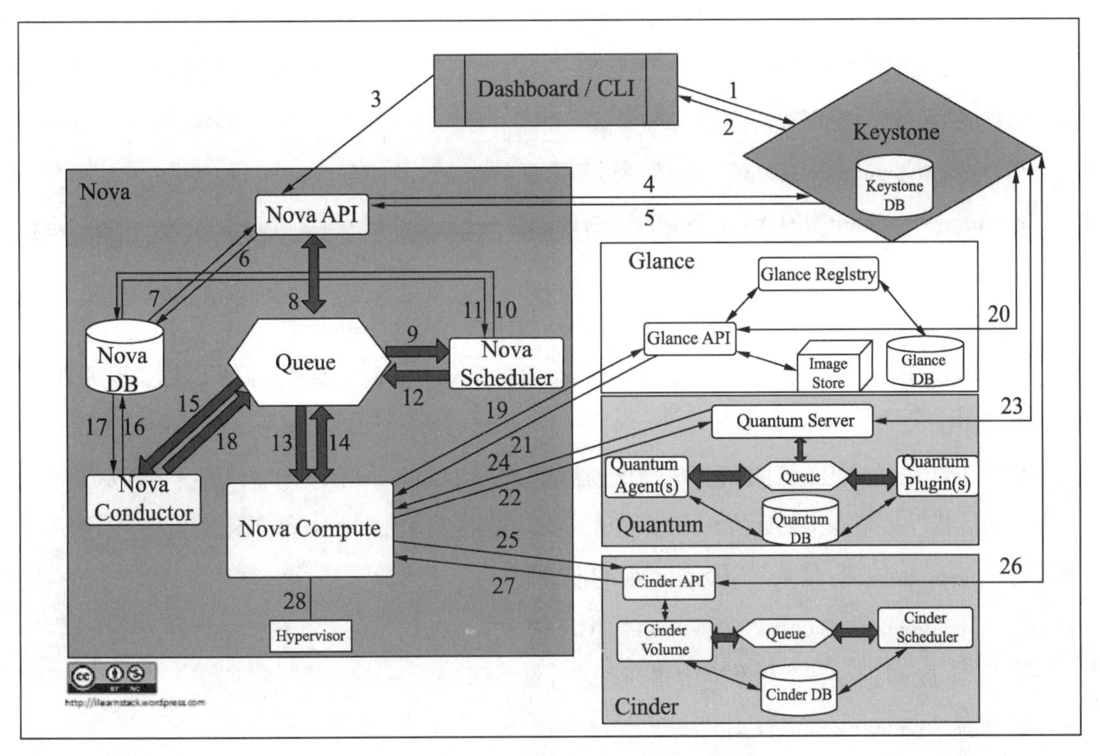

图 9-35　OpenStack 组件调用步骤

① 客户端使用自己的用户名、密码请求认证。

② Keystone 通过查询在 Keystone 数据库 user 表中保存的 user 相关信息，包括 password 加密后的 hash 值，并返回一个 token_id（令牌）和 serviceCatalog（一些服务的 endpoint 地址，cinder、glance-api 后面下载镜像和创建块存储时会用到）。

③ 客户端带上 KeyStone 返回的 token_id 和创建虚拟机的相关参数，Post 请求 Nova API 创建虚拟机。

④ Nova API 接收到请求后，首先使用请求携带的 token_id 来访问该 API，以验证请求是否有效。

⑤ Keystone 验证通过后返回更新后的认证信息。

⑥ Nova API 检查创建虚拟机参数是否有效与合法。检查虚拟机 name 是否符合命名规范，

flavor_id 是否在数据库中存在，image_uuid 是否是正确的 uuid 格式。检查 instance、vcpu、ram 的数量是否超过配额。

⑦ 当且仅当所有传参都有效合法时，更新 Nova 数据库，新建一条 instance 记录，vm_states 设为 BUILDING，task_state 设为 SCHEDULING。

⑧ Nova API 远程调用传递请求、参数给 Nova Scheduler，把消息“请给我创建一台虚拟机”丢到消息队列，然后定期查询虚拟机的状态。

⑨ Nova Scheduler 从 Queue 中获取到这条消息。

⑩ Nova Scheduler 访问 Nova 数据库，通过调度算法过滤出一些合适的计算节点，然后进行排序。

⑪ 更新虚拟机节点信息，返回一个最优节点 ID 给 Nova Scheduler。

⑫ Nova Scheduler 选定 Host 之后，通过 rpc 调用 Nova Compute 服务，把“创建虚拟机请求”消息丢给 MQ。

⑬ Nova Compute 收到创建虚拟机请求的消息。Nova Compute 有个定时任务，定期从数据库中查找到运行在该节点上的所有虚拟机信息，统计得到空闲内存大小和空闲磁盘大小。然后更新数据库 compute_node 信息，以保证调度的准确性。

⑭ Nova Compute 通过 rpc 查询 Nova 数据库中虚拟机的信息，例如主机模板和 ID。

⑮ Nova Conductor 从消息队列中拿到请求查询数据库。

⑯ Nova Conductor 查询 Nova 数据库。

⑰ 数据库返回虚拟机信息。

⑱ Nova Compute 从消息队列中获取信息。

⑲ Nova Compute 请求 Glance 的 rest API，下载所需要的镜像，一般是 qcow2。

⑳ Glance API 也会去验证请求的 Token 的有效性。

㉑ Glance API 返回镜像信息给 Nova Compute。

㉒ 同理，Nova Compute 请求 Neutron API 配置网络，例如获取虚拟机 IP 地址。

㉓ 验证 Token 的有效性。

㉔ Neutron 返回网络信息。

㉕ 接下来步骤同 Glance、Neutron 验证 Token 返回块设备信息。

㉖ 据上面配置的虚拟机信息生成 xml，写入 libvirt、xml 文件，然后调用 libvirt driver 使用 libvirt.xml 文件启动虚拟机。